量子革命的到来

——跨越时空的对话

〔奥〕维尔纳·霍弗　著

林海平　译

科学出版社

北　京

内 容 简 介

20世纪以来，物理学科的发展重心逐渐从经典物理学向量子物理学倾斜。与之呼应，原子的结构及原子和原子核的运动这些曾经在经典物理中被忽略或者严重抽象化的认知，在纳米与亚纳米尺度的体系中逐渐展现出举足轻重的作用，从而成为现代物理学家们的研究重点。本书的第一部分从早期实验科学家们对量子物理现象的困惑，以及他们提出的粗糙的抽象模型出发，由浅入深地介绍了现代物理学的起源与初期的发展。第二部分介绍了现代物理学在百家争鸣时期，对原子结构和量子物理的理解和贡献。最后一部分简要介绍了作者强调的基于电子密度理论的量子物理框架，并对其未来发展进行了展望。

本书适用于具有大学本科及以上知识水平并对物理、化学和材料学、生命科学等领域感兴趣的读者。对于愿意了解现代物理学历史和发展的其他领域读者也有科普作用。

图书在版编目（CIP）数据

量子革命的到来：跨越时空的对话 /（奥）维尔纳·霍弗（Werner A. Hofer）著；林海平译 . —北京：科学出版社，2021.11
ISBN 978-7-03-068079-2

Ⅰ．①量… Ⅱ．①维… ②林… Ⅲ．①量子论 - 普及读物
Ⅳ．① O413-49

中国版本图书馆 CIP 数据核字（2021）第 030018 号

责任编辑：李明楠 / 责任校对：杜子昂
责任印制：吴兆东 / 封面设计：蓝正设计

科 学 出 版 社 出版
北京东黄城根北街 16 号
邮政编码：100717
http://www.sciencep.com
北京中石油彩色印刷有限责任公司印刷
科学出版社发行　各地新华书店经销
*
2021 年 11 月第 一 版　开本：720×1000 B5
2024 年 5 月第三次印刷　印张：12 3/4
字数：163 000
定价：**80.00 元**
（如有印装质量问题，我社负责调换）

献给萨米亚（Samia）和塞巴斯蒂安（Sebastien）

维尔纳·霍弗 (Werner A. Hofer)

2021 年

阿莱克桑达尔·科卡伊 (Aleksandar Kokai)/ 绘图

作 者 简 介

      维尔纳·霍弗（Werner A. Hofer），化学物理学家。1997 年和 1999 年先后获得奥地利维也纳技术大学工程物理专业硕士学位和凝聚态理论专业博士学位。致力于理论物理、凝聚态物理和物理化学研究，在表、界面纳米科学方面探索 20 多年，也热衷于基础物理学领域的理论研究。

      1999 ~ 2002 年，英国伦敦学院大学（University College London）研究员，此后在利物浦大学化学系先后担任讲师、副教授和教授（分别受聘于 2002 年、2005 年和 2006 年）。2003 年入选英国皇家学会大学科研基金会会员（The Royal Society University Research Fellowship）并获经费支持，持续到 2011 年。2007 ~ 2013 年，加拿大高级研究所（Canadian Institute for Advanced Research）兼职海外教授，进行纳米电子器件的研究。2014 年以来，担任英国纽卡斯尔大学（Newcastle University）化学物理学教授。2018 年以来，担任中国科学院大学外籍教授。编辑工作包括 *Journal of Physics*（2005 ~ 2008）编委会委员和 Elsevier 出版社 *Surfaces and Interfaces*（2016 ~ 2017）期刊编辑。在国际权威学术期刊（*Nature*，*Nature Chemistry*，*Nature Nanotechnology*，*Angewandte Chemie*，*Reviews of Modern Physics*，*Physical Review Letters*，*Nano Letters*，*Journal of the*

American Chemical Society 等）保持较高数量的文章发表。

在科研管理方面，2010～2014年创办了利物浦大学史蒂芬森可再生能源研究所。作为创办负责人，规划和监督了2000余平方米的新实验室和办公室建设。在他的领导下，截至2014年研究所研究人员超过60名，获得的研究经费超过3000万英镑。研究所的科研成绩对英国卓越研究框架 REF 2014（Research Excellence Framework，2014）指标做出了重要贡献，也被认为是利物浦大学化学学科建设能够取得成功（全英高校第11位）的主要因素之一。2014年，受聘为纽卡斯尔大学科学、农业与工程研究创新学院院长，并协助校长进行院系重组工作。2018年6月辞去院长职务，专注于理论研究，尤其是新的理论计算方法的发展，例如能够高效地模拟由数百万个原子组成的体系。

前 言

　　如今，有成千上万的数学家和理论物理学家花费了毕生的精力去计算一个针尖上可以站立多少个天使。每年，这些理论学家们都会举行若干次会议，来讨论最新的数字。与此同时，他们发表了大量的论文来详细地说明其计算步骤，填满了图书馆数米长的书架。

　　他们工作的领域十分多样，涉及弦论、量子引力、量子计算等。其中的一些领域，如弦论，目前尚无实验来支撑他们的模型，弦论和我们生活的三维空间仅有一点细微的关系。

　　本书将带领读者通过回顾物理学的发展史去寻找现代物理学在当今的发展困境与原因。本书试图解释这个问题的起源，即始于 20 世纪初期理论物理学的发展，使其从现实世界中剥离出来。并且，希望人们更多地去思考它的未来。

　　物理学的发展通常被认为是这样的：现代物理学起源于 1900 年前后，一群完美的天才掀起了一场量子革命。随着故事的继续，人们发现原子层面上的自然现象变得难以理解，甚至有了逻辑上的一些问题。

　　这里还有故事的另外一个版本。在这个版本中，一代又一代的理论物理学家将他们的模型建立在数学对象会对现实世界产生物理效应这一假设上。因此，这个故事仍在继续，但是理论物理学家们再也无法解释为什么原子尺度的事情会以某种特定的方式发生。

如果你不是一位物理学家，你也许会问：我为什么要关心这些？答案是一幅图。图的内容是地球，一个直径约为 12000 千米的星球。整个星球由原子组成，而每个原子则是由超高密度的原子核以及核外电子所组成的。如果把地球上所有的原子核堆积起来，则它们可以堆在一个边长约 140 米的立方体中，这和欧洲最高的教堂——斯特拉斯堡大教堂一样高；而其余的空间则全部是电子。可以说，电子是这个丰富世界（地球上所有的物理、化学以及生物过程）的决定者。也可以说，电子决定了生命！

如果你不了解电子，并且像当今部分物理学家一样认为电子是不可捉摸的，那意味着你将永远无法理解生命。面对原子尺度中的难题，你可以像我多数同事一样那样去接受"电子是无法理解的"，或者，可以怀疑现代理论物理的基础是否牢固。

如果你仅仅是从心理方面支持第二种观点，在本质上讲，这并没有什么用。因为你首先要明白现代物理学的问题在哪里以及为什么会出现，才能够知道如何去修正它。这正是你面前这本书的内容：我首先说明了怀疑现代物理学有错误的原因，然后给出了我认为的物理学是什么样的。

就个人而言，我认为以下这种方式预示着一位科学工作者科学生涯的终结：作为奥地利一个可爱的城市格拉茨的一名物理学生，我在一次量子力学课上中途离去，原因是授课老师刚刚通过黑板上一系列漂亮的代数运算，得到了一个最基本的理论结果，但这个结果看起来却并没有什么逻辑意义。当我们都充满疑惑地看着他时，他尴尬地耸耸肩说他其实也不理解这些，但在量子力学中就是这么回事。

"我也不知道为什么……"

　　我的同学说，当时我大喊并摔门而去。也许这有些过于夸大了，但是自从那次讲座后，我觉得科学家不了解他自己所做的研究是一件很荒谬的事情。至今我仍然这样认为。

　　因此，我走的是一条与我大多数同行们都不相同的学术道路。在当前的大环境下，为了在一个好的大学或者研究机构获得终身职位，在顶尖期刊上发表高引用的文章几乎是必不可少的。如果你是一位年轻的物理学家，听从一位更资深同事的建议来安排自己的研究计划是公认的明智之举。而如果这位年轻物理学家选择了一些不热门的、被认为已经解决的或者十分棘手的研究课题，在大多数同行看来无异于选择了职业生涯的"自杀"。事实上这些研究项目也很难获得研究经费的支持。所以那些非常基础并被视作难以解决的问题，很难吸引一个科学家的兴趣。我发现解决这个困境（获得足够的科研经费支持来重新认识现代理论物理）的方法是，用我同事的话说，"脚踏两只船"。

在过去的 20 年里，模拟高精度显微镜的测量图谱，一方面改变了我们的实验方法以及我们对电子工作方式的理解，同时也为我创造了与该领域顶尖研究组合作的机会，并且在顶级期刊上发表了很多论文。得益于此，我在英国纽卡斯尔大学科学、农业与工程研究创新学院（Research and Innovation in the Faculty of Science, Agriculture and Engineering）获得了院长一职。另一方面，回溯到量子力学的开端，去理解它的逻辑基础和核心原理，为我的研究项目提供了基础物理理论的支持，并使我在这 20 年里发展出一种看上去行得通而又确实能够解决原子与核物理中基本问题的替代方法。

当我把这些众多资料整理到一起的时候，我惊讶地发现，表面与界面物理主流的研究内容为我理解最初的基础问题提供了极大的帮助。而选择这一领域作为我的主要研究内容纯粹是运气。

对我而言，目前的时机近乎完美。在 21 世纪初，我开始进行理论模拟时，计算机的运算速度已经变得足够快，能够解决这些根本的问题；相关的计算机代码也已经足够完善，包含了电子输运；实验方法也发展到了使我们能够在单电子级别分析问题的精度。这些，使得一切都发生了改变。

如今，不仅许多科学家没有注意到这一点，大部分主流刊物也没有反映出来，物理学正在经历第二次革命，并且变革的步伐正在加快。这场革命开始的确切时间难以确定，但是最好的猜测是 1964 年，当时两位物理学家皮埃尔·霍恩伯格（Pierre Hohenberg）和沃尔特·科恩（Walter Kohn）发表了一篇文章。这篇文章为理论物理学一个全新的领域奠定了基础，这个领域的名字有点奇怪，称为密度泛函理论（Density Functional Theory）。在 2013 年维也纳举行的一次会议上，我曾经询问听众是否知道沃尔特·科恩这个名字。尽管听众中有很多是量子力学基础领域的杰出研究者，结果只有一半的人知道他。

这个理论框架，在这本书中被称为密度理论，它的基本思想是"材料的电子密度是确定材料所有物理性质所需要知道的唯一物理量"。

从某种意义上说，这似乎是当时物理学中一个相当低调的创新。沃尔特·科恩在 34 年后的 1998 年凭这项创新获得了诺贝尔奖。皮埃尔·霍恩伯格由于不在人世而遗憾地失去了这项殊荣，因为他没有符合获得诺贝尔奖的第四条规定：尚在人世。此时的沃尔特·科恩早已过了他的 70 岁生日。值得注意的是，科恩教授获得的不是诺贝尔物理学奖而是诺贝尔化学奖，这是因为直到 1998 年，物理学家仍认为电子密度是属于化学科学家的工作范畴。

然而，在抽象的数学和相当枯燥的概念中隐藏了一个革命性的物理思想，这个想法是，电子密度并不是无穷大、而是非常小的，因此一个电子可以占据一个原子（如氢原子）的整个壳层。然而这对粒子物理学家来说却是难以接受的。他们认为电子是像质子一样的小球，并且多年来一直试图利用粒子对撞机来寻求这个小球的半径。由于始终无法确定电子的半径，他们便断定——电子是一个点。事实证明，这是错误的。

不难理解为什么化学家们对这个新理论感到十分振奋。这让他们可以直接勾勒出分子和凝聚态物体、它们的

化学键、它们的化学行为，以及它们的相互作用。此外，到 20
世纪 80 年代，材料物理中一个特殊的领域——半导体物理发展
得如此迅速，以至于可以制造出非常小的硅阵列，它包含了数以
百万计的微小电子元件，可以用来计算化学和物理中极其复杂的
问题。同时，密度理论学家拥有了强大的计算机代码，使得他们
可以求解复杂的数值问题，从而进一步拓宽了他们的认知范围。

很快，化学和制药行业就意识到了这一新理论的潜力，大公
司的研发部门开始聘请密度理论学家进行计算机实验，即在计算
机中模拟新的药物和材料，而不是自始至终在实验室搞合成和分
析。鉴于这种方法更快且成本更低，它被大范围地应用于寻找潜
在的新药物和具有特定化学性质的材料。

如果不是材料化学家和物理学家的实验手段有了很大的进
步、同时实验精度有了大幅度的提升，这些也许不会引起一场
革命。如今，科学家们有了超快激光可以捕捉电子的运动，电
子传感器可以探测到单个原子磁性的细微变化，先进的冷却方
法可以将实验中的温度降到比外层空间还低，他们可以创造出
和宇宙空间一样好的真空环境，也可以使用显微镜看到小于单个
原子的精度。

那些称之为扫描探针显微镜的新型显微镜，可以测量材料表面
的电子密度，其测量精度甚至超过百万分之一。从理论物理学的角
度来看，某些东西如果你能真正地测量它，就很难否认它的存在。

到 21 世纪初期，越来越明显的是，正统量子力学在原子尺
度系统获取信息受到的限制，成为它发展的一个障碍。它基本的
理论框架是基于数学模型却不包含物理思想，显然不能让物理学
家和化学家满意，他们更感兴趣的是物质在原子尺度上怎样运
作。而量子力学无法为他们提供研究原子尺度的方法。

2000～2010年左右，处于一个过渡时期，旧的观念和方法与新的理论和实验方法并存。但这个时期很快终结，因为旧的模型在结构上的缺陷日益突出，并且密度理论与正统量子力学的直接冲突愈发显现。因此，再一次革命势在必行，这一次尝试将密度理论作为原子尺度物理学全新而广泛的物理框架。这次革命是为了回答一个简单的问题：电子是如何工作的？

这本书追溯了这次量子革命的成因和带来的主要变化。由于这些变化直到今天仍在发生，并未尘埃落定，因此本书将在一定程度上基于猜测，即物理学将如何在近期和长期的未来取得进展。然而，从已经发生的变化来看，再次革命的必要性显而易见。

我把这本书分为三部分：

第一部分论述了从1900年到1935年旧量子理论的发展。我还将20世纪50年代的一些发展，尤其是戴维·玻姆（David Bohm）的工作也包含在这部分。我们将会看到，旧理论有一个主要的方法来实现数值上的正确预测。然而这种方法会将已有的物理概念一个一个地从它的理论框架中移除。这种方法基于一种似乎并不令人信服的观点，即数学对象可以产生物质效应。

第二部分试图给出在2017年左右，在开始尝试撰写这本书的时候，现有物理学科的清单。我在2014年对英国大学的研究进行了评估，可以看出我们的研究确实对现实世界产生了影响。这项被提交到英国物理委员会的影响案例研究，清楚地显示了当今物理学的主要优势所在。结果表明，当今物理学中最成功的部分其实是化学。

第三部分我将讲述从1964年延续至今的第二次量子革命，并描绘出我认为未来在原子和原子核尺度发展的最可能的情形。

这里的重点将放在电子上，它是我们所有物理科学领域——物理、化学和生物学中，无可匹敌的王者。我将试图说明我们该如何理解电子，以及我们如何测量原子尺度上的微小效应，还有这些效应如何使熟知的标准理论看起来变得奇怪。

电子，会被证明并非是一个点，也不是抽象的，而是真实和延伸的。它们的相互作用决定了我们的整个物质环境。

在过去的20年里，我与同行们进行了不计其数的讨论，聆听了百余场关于量子物理学现状的讲座，并听取了许多可能的解决方案。我将试着对所有相关的观点进行公正的评价，因为我们都有一个共同的目标：真正理解，在原子尺度的物理系统中发生了什么。

流行的科普书籍经常被写得像圣徒传，就像教会文学里关于圣人生活的故事。原因往往是作者对科学的理解不够充分，无法正确地看待各种观点和趋势。这种对科学认知的不足也常常使他们不加批判地接受来自科学界的众多古怪的说法，这样的情形在当今流行的科普书籍中越来越多地出现。但这本书不同于这类书。

从我在维也纳读研究生时起，我也遇到过类似的事情。我学会问的一个关键问题是：这一切都是怎么发生的？

因此这本书一方面讲述了一个关于物理学的故事，以及它在过去一百年的发展历程；另一方面讲述的是一个侦探故事，它试图将导致目前情况的关键发展环节和重要参与者联系在一起。

维尔纳·霍弗

英国，利物浦和纽卡斯尔

2020 年

目　录

第一部分

量子神话

问题是这个理论太强大，太令人信服了。我觉得我们正在遗漏一个基本点。下一代物理学家，一旦发现了这一点，就会敲敲脑袋说：他们怎么会漏掉这一点呢？

伊西多·拉比（Isidor Rabi），1985

1

开普勒的难题

约翰内斯·开普勒（Johannes Kepler）在 1630 年去世时，给当时的物理学留下了一个深刻的难题。他一生中大部分时间都花在对天文数据极其艰难和枯燥的分析上，他发现了支配太阳系中行星运动的三条定律。例如，他的第一条定律指出，行星围绕太阳运动的轨道是卵形的，数学家称之为椭圆形。

他留给我们的难题是，即使他能证明椭圆将完全符合行星轨道的观测，但他并不能给出任何理由说明为什么这些椭圆会比希腊天文学家克拉夫迪斯·托勒玫（Claudius Ptolemaic）提出的"本轮 – 均轮"学说（行星在被称为本轮的小圆上运动，而本轮又沿均轮绕地运行）更好地描述太阳系中的行星轨道运动。毕竟托勒玫的理论确实符合从地球上看到的火星运动轨道，而开普勒却没有给出任何理由，为什么椭圆轨道会更好。我们将看到，现代的量子物理学也面临着同样的科学难题。

大约从 1930 年开始，以一个物理学家的角度来教授量子物理学（原子尺度上的物理），并且从物理学家的角度来讨论学科进展，成了一个普遍的趋势。这个情形让人有些难以捉摸，因为在过去的 100 年里，物理学的主要进展实际上发生在最近 50 年。这段时间内，计算机、新材料、超快激光器等纷纷出现；实验精度大幅度提高，可以轻松地超越过去几十年甚至几个世纪的积累。

在过去 200 年间，科学技术的进步以接近指数级的速度发展。具体说来，过去 200 年到过去 100 年的进展仅达到我们当前水平的 10%，接下来的 50 年这个水平累计上升到 32% 左右，而其余 68% 的科学技术进展都发生在刚刚过去的 50 年里。发生量子革命时的科技水平大概处在当前水平的 10% ～ 15%。

大家究竟做了什么，使物理学在历史长河中这么短的一段时间内，也就是大约从 1900 年到 1930 年间，人们脑海中的这些想法突然就被点亮了呢？科学家在这个时期创立了一种称为量子力学的全新科学，奠定了一种全新的物理方法的基础，我们今天仍在使用。或者这只是表明，当今的物理学家，直到 2016 年，仍不能将过去 50 年的科学进步通过积累转化完善为一个更加合理的理论框架？

要不我们就得相信理论并不会随着实验方法和观测的发展而改变，这将与我们对科学史的认知相矛盾；或者认为传统观念中存在一些深层次的缺陷，它们看上去竟可以如此轻松地应对变化。

通常，科学家在选择方法的时候是存在机会主义的，只要这个方法奏效便被认为是成功的。从这个层面上说，科学进步可以看作是一份科学家在理解自然的过程中，应对各种挑战的成功方法的清单。由于科学进步具有进化的特征，因此长期来看，最适合解决我们理解问题的方法最终将占上风。当然，你也可以反驳这个观念，你会说正如亚里士多德所说的，科学中描述自然界的更普适的方法也意味着这个方法不太具体，包含的内容较少。对大自然最普适的描述必然空洞无物。

这看起来也许像闲人的遐想猜测，但是对于理论物理学来说，这点是非常重要的。宽泛来说，可以将理论物理学定义为一套数学工具和方法的系统，用以描述那些被实验和观测证明的物理实体。这时问题便出现了，考虑到存在大量的观测和实验，那么哪个理论才是最合适的？是尽可能具体的这个理论，还是那个不具体但最普适的理论？根据亚里士多德的想法，演化最成功的理论框架将会是具有最少具体内容的理论。

但我们不得不承认科学模型，每一个科学模型，都必须遵循一个基本的科学准则，即物质效应是由物质产生的。

在第一部分接下来的章节中，我们将探讨一门科学的发展，从经典物理学到量子物理学，是如何从基于有形的物理对象转化为了主要基于数学概念的科学，从而不再回答为什么事情会按照某种特定的方式发生。到 1935 年左右，已有的概念竟被如此成功而彻底地从物理学中删除了。物理学家是如何做到的？

普朗克提出的"光"不再是电磁场的概念。随后爱因斯坦发现了一个不再能被视为延伸物体的光子。在此基础上，玻尔提出了一个与已知电磁学和力学定律相违背的原子模型，甚至这个模型本身也存在矛盾。海森伯创造出几何空间中的对象，它们不再是由物质组成，而是数学上的点和延伸的几何对象。之后，薛定谔提出了波的概念，但是这个波并不同于任何有形的波。玻尔还声称力学意义上的因果律并非广泛适用于量子力学，它只适用于经典物理学，从而使因果关系从量子力学中消失了。

这样量子物理学家便可以不受基本逻辑的约束，最终导致了近30年来广为流行的观念——大自然本身就是离奇而且充满矛盾的。

如今，量子物理学的每个步骤都只是在一些数学技巧的基础上进行，从而能够使数值计算的结果与实验数据一致。然而，这些量子物理学家用来观测的数学模型可能并不是合理的科学模型，因为它们并不符合基本的科学准则——物理效应必须由物理因素导致（即物质效应是由物质产生的）。

科学史上有一个很著名的例子，在20世纪以前，天文观测中所看到的行星轨道用数学来描述，它很好地反映了现在这种情形。追溯历史很快就能让人发现用量子力学来描述物理学的漏洞在哪里。

现代自然科学的开端，首先是物理学，然后是化学和生物学，可以追溯到生活在16世纪和17世纪的三个男人。其中一个人是尼古拉·哥白尼（Nicolaus Copernicus），他是波兰天文学家。第二个人是意大利物理学家、天文学家伽利略·伽利雷（Galileo Galilei）。第三个是德国天文学家、物理学家和数学家约翰内斯·开普勒（Johannes Kepler）。哥白尼是第一个提出将太阳作为太阳系中心的天文学家。伽利略发现了地球引力场是怎样影响物体运动的。开普勒对现代科学的贡献是描述太阳系行星运动的三大定律（轨道定律、面积定律和周期定律）。

如今，众所周知，每个行星轨道都是称为椭圆（卵形的数学术语）的几何形状，而太阳始终处于椭圆的一个焦点上。值得注意的是，椭圆形行星轨道是从地球表面的天文观测中看到的形状，比如火星看上去是在一个大椭圆轨迹上偶尔逆行打个小圈然后继续沿着大的椭圆形轨道运行。其实，这些逆行的小圈路径是由于地球和火星的相对运动造成的，它们并不是火星的绝对（真实）运动，而是从一个具有特殊视角的运动平台，例如地球，观察到的相对运动。

火星运动轨道完全可以由一个包含两个圆的几何模型来描述，较大的一个圆，称为均轮，较小的一个圆，称为本轮。这样的描述是在1800余年前由希腊天文学家托勒玫提出，直到300多年前这仍是主流的观念。

开普勒的观点认为，行星轨道实际上是椭圆形的，这一观点在他生前遭到众多的反对。来自科学界的正统观念认为，古老的本轮－均轮模型已经成功地应用了上千年，就这样放弃它并接受新的椭圆理论是相当草率的。而开普勒认为，椭圆轨道比均轮和本轮更简单，但他很难解释为什么用一个椭圆形比用两个圆形描述行星轨道更加简单。一般而言，简单并不是一个科学模型强有力的论据。

事实上，在接下来的至少两代科学家都没有找到明确的理由来支持开普勒的椭圆轨道模型，因为托勒玫学派和开普勒学派都不能解释，为什么行星会以这种特殊的方式运动。

这对伽利略来说成了一个问题，当他开始认为地球实际上是围绕太阳运动时，哥白尼在八九十年前就提出了这个模型。他非常谨慎地引入了这个模型，仅仅为的是数学上的方便，而不是自然界的需要。

不幸的是，当时的科学界是由希腊和罗马科学家所统治的，他们缺乏精密的仪器和设备来进行准确的天文观测，而且他们所维护的科学框架在解释新的天文观测数据（这些数据为现代科学的发展奠定了基础）方面显得无能为力。当伽利略推崇哥白尼的日心模型时，实际上只有一个他认为可以证明哥白尼学

"已有的系统出问题了，需要重新想一想……"

说的观测，即海洋潮汐。他认为当海水运动时，地球运动会迫使海水以类似于在水桶中晃动的方式在地球上晃动。

今天，我们知道潮汐是由月球引起的，海水受到月球引力的作用导致涨落。由于月球围绕地球运动，而潮汐与地球的自转不同步，因此即使在伽利略时代，通过对潮汐时间的仔细观测，也可以得出潮汐不可能是由地球运动引起的。

在现代科学中，伽利略在1633年被罗马宗教裁判所认定为异端邪说，直到多年后，这个审判才被推翻。

有趣的是，物质因果关系之间的这种区别——引力场是物质实在，而数学工具——圆或椭圆是几何结构，当然也就不是物质，将这看似无关的两者强行联系在一起，在中世纪是难以让人接受的。毕竟在这一时期，语言的确切含义一般都会受到激烈的争论。这种情况发生改变的转折点是数学成了一门语言，这是由伽利略首先提出的，他说"自然之书是用数学语言书写的"。

关于这种关系，有两种截然不同的立场。其一，所谓的现实主义者的立场，可以追溯到希腊哲学家柏拉图。它指出，几何形状，也就是柏拉图时代的主要数学对象，在另一个截然不同的世界也存在实体，而通过我们感官获得的现实，只是这个现实世界的一个模糊的影子。另一种是，唯名论者的立场，认为语言和语言中的各种概念，只是对众多具体现象之共性的抽象总结，本身并不具有客观真实性。这种观点的代表人物是奥卡姆的威廉（William of Ockham），他认

"你可以去做（祷告）了！"

为语言的对象，概念或者他所说的共性——例如属性，可以在现实世界的多个个体中存在，而通过共性创造的现实世界的概念，在语言和思想之外找不到客观存在。

今天，唯名论是现代科学的基础，它要求物质效应必须具有物质起因。物质效应必须具有物质起因是现代科学的基本原理之一，然而我认为，从量子力学开始，这个基本原理却逐渐被现代物理的大部分内容所违背。这个过程是很有启发性的，物理学中这个特殊的漏洞是如何发展的，以及理论物理学家是怎样实现在数学上精确地预测的同时，在概念上没有任何物理意义的。

从本质上说，这种近期在量子力学中出现的情形和开普勒直至生命结束时面临的境况是一样的。开普勒三定律完美地描述了行星轨道，因此我们可以用前所未有的精度来预测它们的运动，这三大定律是：

1. 每一个行星都沿椭圆轨道运动，而太阳则处在椭圆的一个焦点上。

2. 太阳和行星的连线在相等的时间内扫过的面积相等。

3. 行星运动的周期与它到太阳的平均距离的 1.5 次方成正比。

但是，行星为什么以这种方式运动，人们不得而知。此时数学理论已经发展起来，但缺乏物理基础。这一物理基础只能由开普勒去世 50 多年之后，牛顿的万有引力理论来提供。

量子问题

　　要理解这与量子力学的关系，从量子革命的开端来开始分析是很有启发意义的。特别是，理解"量子"一词如何成了科学话语的一部分，以及它最终的普及对理论模型的发展意味着什么。

　　从历史上看，开始分析的关键在于黑体辐射以及用来描述它的理论模型。通常认为，量子革命开始于 1900 年 12 月 14 日，马克斯·普朗克（Max Planck）在柏林的德国物理学会会议上发表了他关于黑体辐射的论文，题目是"正常光谱的能量分布规律"。

　　这里的辐射并不意味着核辐射，核辐射主要产生高能量，而不是光。更准确地说，当物质被加热时会发出光。例如，太阳的表面主要由气体组成，由于其中心的核反应，从核心释放的能量蜿蜒穿过太阳的各层，到达它的表面，这些气体被加热到大约 5500℃。辐射从产生开始需要数千甚至数万年的时间可以逃离太阳，所以如果我们通过测量这些辐射来了解太阳的运行情况，我们实际上研究的是很久以前太阳所经历的事情。其实在天文学上，我们对其他遥远的恒星系中的研究结果也具有类似的延时性。

在肉眼看来，正午的太阳似乎是白色的。但是，这并不是这个温度下物质发出的光的颜色。白色本身不是一种颜色，而是各种颜色的组合。这在 17 世纪牛顿的实验中首次得到了明显的体现，当时他通过一个玻璃棱镜来引导阳光。光的颜色不同，是由于不同的频率，或者说光这种电磁波的频率，它将改变光线在棱镜边缘的方向，因此白色的太阳光在棱镜下被分成了彩虹的颜色，从红色一端（这是最低频率的可见光）到紫色的一端（频率最高的可见光）。

像这样一种排列，在测量装置不同位置看到的不同颜色的光就称为光谱。你可以通过在光谱的某一特定点上放置温度计来测量光的能量，你会发现光的能量随着亮度和颜色的变化而变化。你也可以将化学试剂放置在光线的路径上，然后测量它们对不同颜色光线的反应。顺便说一下，这就是德国科学家约翰·威廉·里特尔（Johann Wilhelm Ritter）在他 24 岁的时候，也就是 1801 年发现紫外线的方法。

里特尔在他的光谱装置中放置了氯化银，然后测量反应中试管变黑的速率。他发现在光谱的紫色末端反应会更快，因此他得出结论，紫光比红光具有更高的能量，因为光的能量能推动反应的进行。但是，当他将试管放在光谱紫色末端的外侧，这里没有任何可见光线。然而，在这个点上，反应更为迅速，因此里特尔得出结论，频率更高的不可见光也是太阳辐射的一部分。今天我们把这部分光谱称为紫外光。之后，里特尔又发明了电镀、干电池和蓄电池。他于 1810 年去世，年仅 33 岁。

在普朗克的论文中，他解决了光谱学中困扰科学家们长达约 40 年的问题。这就是在一定的温度下，一个黑体发出的光强的问题。在实际中，这样的黑体可以是一个浸没在加热介质中的封闭金属容器，仅留有一个小孔可以向外释放辐射。人们可以通过容器周围的介质将黑体加热到一个特定的温度。

将封闭的金属容器通过介质加热，可以使该容器中的原子发生振动从而发射光。产生的光会在容器腔中不断地发生反射和吸收，直到容器壁和空腔中的光波建立平衡。平衡建立之后，打开容器小口，容器内的光会从容器小孔中逃逸出来。有意思的是，从容器孔中发出来的光的亮度与光的颜色有密切的关系（即光谱组成）。而且光谱组成随着容器温度的不同而发生相应的变化。考虑到容器的尺寸是一定的，容器壁和空腔中的光波建立平衡后，只有特定的一些波长的光波（近似看作驻波）才能够使节点位于容器壁上，从而存在于容器中。这样就可以计算容器腔内每单位体积的波数 N。

观测结果表明，N 与金属腔内的光的频率 f 的平方成比例。从这个现象得到的一个重要的结论就是，对于给定频率的波，其波数与频率的平方成正比。按照经典物理学的理解（光波的能量强度不依赖于频率），既然波数随着频率的增加而增加，那么观察到的光波的强度或亮度也将随着频率而增加：有最高频率的光波应当具有最高的亮度。

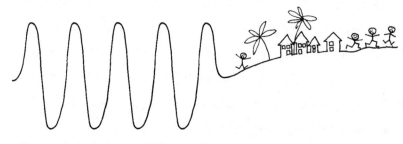

然而，在实验中，光的亮度随着光的频率增加的现象在达到一定的频率后并没有继续增加。而这个峰值频率依赖于容器的温度。这意味着波的能量取决于波本身的频率，这是里特尔在 200 多年前通过实验发现的。

虽然每单位体积的波数很容易计算，但波所包含的能量却不容易计算。在电动力学中，描述了电磁场的性质和动力学，例如光波，波的能量密度等于电场和磁场强度之和，因此它与辐射光的振幅有关。

该振幅取决于加热腔壁的发射过程，而在当时，人们对它的了解还非常有限。所以普朗克假定，可以通过对低频和高频范围内连续光谱组成的估计，得出波的能量 E 与频率 f 的依赖关系，而不是计算在给定频率下光波的振幅和空腔内的能量密度。为了得出结果，普朗克采用了统计学。

在这个时期，理论物理学中使用了最先进统计方法的是奥地利物理学家路德维希·玻尔兹曼（Ludwig Boltzmann）的工作。玻尔兹曼利用牛顿创立的力学定律，将其运用于包含大量分子的气体系统。他从气体分子的碰撞中认识到每个特定温度与分子的平均能量相对应，从而可以推导出特定温度和给定能量下的分子数。玻尔兹曼分布表明分子的数量分布随能量增强而迅速下降，准确地说是呈指数下降。它被广泛应用于热物理领域，且通常都是适用的。

普朗克假设光波的能量分布与分子的能量分布是一样的。因此，他利用玻尔兹曼分布推导出依赖于频率和温度的黑体辐射的光谱组成，结果与实验一致。波的能量 E 与频率 f 之间的关系很简单：

$$E = hf \tag{1}$$

其中，h 就是著名的普朗克常数。普朗克常数是个非常小的数，科学记数法是（约）6.626×10^{-34} J·s。

可见光的频率范围在 $10^{14} \sim 10^{15}$，所以根据这个估计，一个波所包含的能量数量级约为 10^{-19}。这种量级的能量等于一个化学键的能量，所以光会影响我们日常环境中分子的反应。物理学家把这种能量单位称为一个电子伏。一个电子伏（eV）约是 1.6×10^{-19} 焦耳（J）。焦耳是一个能量单位，以英国物理学家詹姆斯·焦耳（James Joule）的名字命名，他的日常工作是一家酿酒厂的总经理。

地球上生命的主要动力之一是将阳光的能量转化为植物中的能量。

植物看起来是绿色的，因为它们只反射绿色的光，同时它们吸收红色和蓝色的光，用于植物中糖分的生产。

普朗克提出的能量的量子就像为了使生命存在所必须支付的最小货币。这种货币与我们的太阳紧密相连，太阳光能量大部分处在可见光范围，这表明了这一发现的重要性。

化学过程决定了生命，而生命主要基于少数几个元素，如碳、氧、氮和氢，从太阳发出的光维持它们共同的能量需要。如果太阳的温度大幅度升高，生命赖以生存的大分子就会变得不稳定。如果温度大幅度降低，维持生命的化学反应就无法靠太阳来驱动。

关于这一巧合，有大量的科学猜测。但人们可以得出的结论是，生命其实是非常脆弱的，它依赖于特定环境下非常狭窄范围内的一些物理属性。幸运的是，地球就是一颗轨道在合适范围内的星球。

然而，值得注意的是，上述对光子能量的计算是在热物理学的框架下进行推导的，这个推导过程完全忽略了经典的电动力学理论。如果是基于经典的电动力学理论进行推演，这一切会以不同的方式进行：根据经典的电动力学理论，电磁场的能量等于电场能量和磁场能量之和，当电磁场发生变化时，电磁场中的部分能量能够以电磁波的形式进行转移。产生的电磁波的能量正比于电磁波振幅的平方（而不是频率）。而光是电磁波的一种，如何将经典电动力学中电磁波的能量和普朗克的推导联系起来，是一个很有意思、但尚未有确切答案的问题。

虽然对于普朗克来说，通过一个关于光波能量的假说来找到一个物理问题的解决方案是完全合适的，但是忽略相关研究领域已有的科学证据是不合适的。这将导致物理学和已有知识领域在概念上的分离，而光这个新概念则具有能量离散的特点。

从空腔中发出的光波不再被看作是场，而是完全不同的东西。

这是一种在量子革命过程中不断重复的模式：获得了新的认知，但并没有努力将这些新的认知与已有认知联系起来。哦，事实证明，还有一个联系的，但是这个联系存在于人们详细描述电子加速行为的情况。这样的描述直到最近才出现。我将在本书的第三部分回到这个问题。

遗失的空间

　　在哲学层面上，人们可以说科学进步的进化本质往往导致互不相容的主张同时存在，而量子力学的发展是一个很好的研究范例。在这里，它涉及光与物质的相互作用，特别是物质中包含的电子，例如金属中的电子。

　　今天，我们可以用高性能计算机和基于密度理论的合适代码，来精确地模拟金属的电子特性。从这些模拟中我们知道，表征其物理性质的最合适的数字是电子的电荷密度，这对于大部分金属来说几乎是常数。所以，如果我们想模拟光与这些金属的相互作用，我们可以构建一个模型，在这个模型中，一个延伸的电磁场会与金属的电子密度相互作用，并改变它的能量。

　　然而，在 20 世纪初，密度尚未被认为是电子的重要特性。普遍被人们接受的模型是由荷兰物理学家亨德里克·洛伦兹（Hendrik Lorentz）提出的。在这个模型中，电子的维度是零，并且是具有无限密度的数学点。有趣的是，当时似乎没有人过于关注这个声明，而这一声明将会在未来 60 年里困扰着理论物理学。

估算这样一个点状电子和延伸场的相互作用是相当简单的。由于一个点没有表面，而且如果从侧面看，它没有面积，因此只有极小部分的场能够与电子相互作用，这个极小的部分可以近似为零。所以，光不能改变电子的能量。

这是一个有点问题的结果，不仅从植物的角度来看，没有相互作用意味着没有光合作用，也没有地球上的生命，而且众所周知，光会与金属相互作用，这是从 1887 年海因里希·赫兹（Heinrich Hertz）的阴极射线实验中得知的。在这些实验中，不同频率的紫外光照射在金属表面上，而从表面发出的电子则被电极捕获。这个电极的电流测量的是发射电子的数目。这些实验中使用的光源，本身来自某些金属中电子能量的变化。因此，造成光发射的电子密度的量，很可能与由于金属能量变化发射的电子密度的量相当。

这并不是德国物理学家阿尔伯特·爱因斯坦（Albert Einstein）提出他理论模型时所看到的过程。爱因斯坦在 1905 年发表了他的模型，1921 年获得了诺贝尔奖。他提出了两个实验结果：第一，一旦吸收的光达到某一阈值频率，电流就会产生；第二，发射电子的能量与光源金属中由于电子跃迁造成能量减少而产生的光的频率成正比。爱因斯坦关于光的新实体，其能量与它们的频率成正比，被称为光子，是光的载体，并且他认为这些光的载体像电子一样也是点状粒子。

这与普朗克在一个给定频率下黑体腔内波数的推导有明显的矛盾，在普朗克解释黑体辐射的例子中，假设光波的节点与空腔的腔壁重合：光子，在这种情况下必须是可延伸的。

从基本的物理学观点来看，爱因斯坦的模型可能性很小。一般来说，光子和电子的相互作用有四种不同的可能性。光子和电子都可以是点状的，也可以是延伸的。光子和电子碰撞过程的结果将产生四种截然不同的情形：

1. 光子像电子一样是点状的。在这种情况下，两者的碰撞将不会有横截面，这是两个物体之间有重叠的技术术语；光子将永远不会发现电子，而且由于电子无法遇到光子，电子也将永远不会获得额外的能量。

2. 光子是一个延伸的场，就像普朗克推导的一样；但电子是点状的，正如洛伦兹所假设的一样。在这种情况下，光子无法将任何能量传递给电子，而电子将无法获得足够的能量从金属中发射。

3. 光子是点状的，但是电子是延伸的。在这里，我们会遇到两个困难。首先，光子场的振幅必须是无穷大的，但这与我们知道的所有自然界过程都是矛盾的；其次，如果光子是由一个延伸电子的能量变化创造的，它也应该是延伸的。

4. 电子和光子都是延伸的，则一个延伸电磁场的吸附会导致延伸电子的能量变化。

最后一个选择是当今的密度理论中将会看到的过程，它需要理解延伸电子的特性和相互作用。然而，这并不是爱因斯坦或量子理论家们所理解的过程，在当时不是，在我们即将过去的今天依然不是。

对爱因斯坦模型不加讨论的解释仍然是今天量子力学教科书的一部分，它仍然被教授给物理专业的学生，并被认为是电磁学经典理论的决定性突破。如上所示，爱因斯坦模型其实是一个存在争议的模型。

在这个时期，物理学可能已经改变了对电子的看法，认为它是点状的，而随后的理论模型也证明了这点。此后，至少20年内，空间没有以任何有意义的方式进入量子力学的图像。简而言之，数值描述的进展是通过对基础物理学理解的减少而获得的。光子在任何意义上，都不是一个空间中的物理对象。

爱因斯坦有没有意识到，对光子的理解是有一点儿糟糕的？人们也知道，在后来，爱因斯坦与玻尔的争论是20世纪最著名的学术争论，爱因斯坦成了量子力学（哥本哈根学派）最有声望的批评者之一，他也从未接受过量子力学的最终定论。

很难想象，爱因斯坦在1905年的那篇论文上，可能写下了一个错误。在1921年获奖之前，这也许是可以被发现的。在获奖之后，如何能够发现——假设他的同事们实际上已经完全接受了他论文中的观点。然而，人们很可能会想爱因斯坦在晚年重读了普朗克的论文，并认为：

等一下，这些光波实际上是延伸的，因为这是你在给定频率下确定其数量的方式。但是，如果它们是延伸的，并且如果它们会与点状电子相互作用，那么实际上只有无穷小的能量可以被传递。如果它们能够传递一个完整的量子 hf，则电子必须是延伸的并占据空间中的有限体积。所以电子实际上必须是延伸的。

遗憾的是，他可能并没有这样想。他反对量子力学的主要论据是"上帝不会掷骰子"。然而，有趣的是，在同一年，1905年，爱因斯坦又发表了另一篇短论文。在这篇论文中，他考虑了电磁场的能量与电子质量的关系。在这篇文章中，电场被假定为是空间中延伸的，具有体积。爱因斯坦非常清楚地知道这个体积和场所包含的能量怎样从一个系统变换到另一个以不同速度运动的系统。

他第二篇论文想要回答的问题是：如果一个物体，比如一个电子，发出光，那么它的质量将如何变化？为了回答这个问题，他假定电子处于静止状态，并向两个相反的方向发射光。虽然光的发射将导致反冲并改变电子的速度，从而改变它的能量，但向两个相反的方向发射光，意味着它的速度将保持不变，电子在发射光之后仍然处于静止状态。如果有一个人在不同的系统中观察这个相同的过程，这个系统相对于第一个系统是运动的，则发射的光的总能量将随着电子的能量而变化。现在，他就可以用一个系统减去另一个系统得到能量的变化，并得出第一个系统中电子质量的变化是由于发射光所引起的。

如果发射光的能量为 E，则质量 m 的变化是该能量除以光速 c 的平方，光速约为每秒 300 000 千米。通常的形式是这样的：

$$E = mc^2 \tag{2}$$

在我看来，这个小方程是爱因斯坦最伟大的成就。它的推导本身非常简单：你只需要对不同观察者的电磁场进行改变，将其与电子发射光的简单图像相结合，并通过一些基本的计算，了解它如何影响电子的能量，就得到了一个基本的质量与能量的关系。

这个方程在将近 40 年后的核物理中变得极为重要，因为它可以通过观测到的质量来估计将原子核结合在一起所需的能量。

然而，在爱因斯坦与量子力学的斗争中，有一场争论，它的影响远超越了爱因斯坦在世的时间；正是这场争论导致了产生第二次量子革命的主要问题：量子力学是一个完整的理论，还是可以认为，可能存在一个更全面的理论？

一个奇特的行星模型

作为剑桥大学卡文迪什实验室的主任，新西兰人欧内斯特·卢瑟福（Ernest Rutherford）对它的管理非常严格。他认为没有人可以连续集中精力超过十个小时，所以他下令每天下午 6 点关掉电源，第二天早上 8 点才能再次接通电源。他曾用这种方法获得了现代管理研究的一些结果，并结合他多年、多地的工作经验得出了这样一个结论：工作时间更长并不会增加生产力。这似乎对卢瑟福来说也是如此，正是在他工作的时间里，在当年曼彻斯特维多利亚大学任教期间，他发现了物理学中一些最基本的性质，其中包括电荷在原子中的分布。

当卢瑟福开始对原子中电荷分布进行系统分析时，人们已经知道原子里是有电子的。电子的存在是在此多年前在阴极射线中检测到的。除了电子之外，原子还包含大量的带有正电荷的粒子，这些粒子比电子重7000 多倍。放射性元素，比如镭，能够将这些正电荷粒子以非常高的速度和能量向原子外发射。

这些粒子被称为 α 粒子（失去电子的氦原子）。它们的能量非常巨大，约有 400 万电子伏以上，是一个化学键能量级的 100 万倍，因此可以很容易地损伤生物物质，如人类的 DNA，造成缺陷和癌症。法国物理学家玛丽·居里（Marie Curie）是放射性研究领域的先驱者之一，死于癌症，她的档案文件（包括她的实验手册），直到现在也必须戴上厚厚的铅衬里辐射屏蔽才能阅读研究。

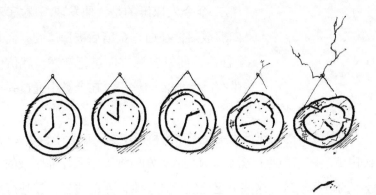

这时人们已经知道，原子是由正电荷和负电荷组成的。然而，这个电荷是如何分布的，以及它在一个原子内如何排列，则是完全未知的。科学家们在这个时期的各种猜测相当奇特。有些人认为原子会像一个松饼，而电子就像巧克力片一样分布在松饼中。另一些人则认为正电荷在外层，而电子则在里面。卢瑟福在一系列的实验中发现了一个截然不同的答案。

他使用的是从镭发射的 α 粒子，并将它们指向一层非常薄的金膜。金可以被锤击成厚度小于四分之一微米的金箔。

将带正电荷的 α 粒子指向金膜，并检测它们在通过膜之后去了哪里，使卢瑟福可以计算它们在膜内的相互作用，也就是在金原子堆叠的地方。由于这些 α 粒子在飞行过程中经历的唯一的相互作用是与原子电荷的相互作用，所以在给定金原子内部电荷分布的情况下，计算它们的轨迹是可行的。

卢瑟福得到了两个完全出乎意料的结果：第一，所有 α 粒子最多

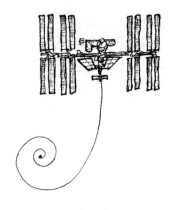

只与一个原子相互作用，这意味着从它们的发射点到相互作用点是直线，从相互作用点到检测点也是直线。我们今天仍然把一个粒子在一个靶上的散射称为卢瑟福散射。第二个令人惊讶的是，他发现 α 粒子不仅向前散射，在通过金箔后被探测到，而且还会往后，向发射源方向进行散射。就仿佛这些带有巨大能量的粒子，在金膜中通过弹弓效应进行加速，然后被甩出金膜。

现在弹弓效应的加速行为主要来自于科幻电影，或者来自于 20 世纪 70 年代由美国国家航空航天局（NASA）发射到太阳系外部区域的"旅行者号"的运行轨迹。这些卫星已经通过了太阳系的边界，在外行星引力场的作用下加速，同太阳系中引力加速方式类似。行星的引力场不仅加速了卫星，同时也大大改变了它们的方向。

这种加速方式的关键在于卫星要接近行星的表面。引力场的大小是由环绕它的球面距质量中心的距离所决定的。随着球形引力场半径的增加，引力场的强度将以半径平方的幅度减小。这就是几个世纪前牛顿发现的万有引力定律。它适用于所有领域，也适用于电荷周围的场。在其一般形式中，这被称为高斯定律，以 19 世纪的一位德国数学家约翰·卡尔·弗里德里希·高斯（Johann Carl Friedrich Gauss）的名字命名。

假设电荷已知，则可以用类似于计算彗星轨迹的方式，来计算一个 α 粒子与金原子中正电荷相互作用时的轨迹。唯一的区别是，彗星加速后将越过太阳，跑到太阳的背后。而由于携带正电荷而改变轨迹的 α 粒子将在金膜的电荷侧方转弯通过，甚至是 180° 的反弹。然而，靠近时的加速影响都是一样的。

α 粒子的路径表明，金原子的所有正电荷都集中在原子的一个区域，而这个区域的直径不大可能大于原子直径的大约一万分之一，用科学表示法是 10^{-14} 米的数量级，令人吃惊的小。就这样，卢瑟福发现原子大部分是空的——至少 α 粒子所证明的是这样，几乎所有的质量都聚集在它中心的小区域（原子核）。原子核是非常致密的，它密度如此之大，如果用金原子核填充一个半径约为 0.25 毫米的球体，它的质量将超过300 000 吨。超过 99.96% 的原子质量集中在其核中。相比之下，在太阳系中，太阳的质量只占总质量的 99%。

所以卢瑟福已经表明，正电荷主要集中在原子核。但是电子在哪里，它们在原子里干什么呢？众所周知，电子是原子和分子与外界其他粒子发生作用的主要部分，很大程度上是电子决定了原子与分子的光吸收、光发射、化学反应、结构振动，以及磁性等。考虑到原子的正电荷是包含在原子核中，那电子是如何与原子结合的？如果正电荷位于一个微小的核中，那么电子要怎样才能融入原子中？

第一次尝试回答这个问题的是丹麦物理学家尼尔斯·玻尔（Niels Bohr）。在卢瑟福发表了 α 粒子在金原子上散射的论文结果大约两年以后，玻尔发表了一篇文章，其中包含了著名的氢原子的玻尔模型。

然而，这是正确的吗？

氢，如约翰·埃姆斯利（John Emsley）在他这本令人愉悦的书——《自然界的建筑单元》中写道，氢气是由一位英国贵族亨利·卡文迪什（Henry Cavendish）发现的，他的家人赞助了这个实验室。卢瑟福在20 世纪 20 年代前后曾在那里工作过。卡文迪什居住在伦敦市中心的Soho 区，但他大部分时间都待在克拉彭姆的实验室里。1766 年，卡文迪什观察到铁与硫酸化学反应产生的气泡。他收集了这些气泡，分析了它们的成分，发现了一种非常轻、非常易燃的气体。几年后，他燃烧了氢气，化学家会说他氧化了氢，让它与氧气反应，并发现了水。氢这种元素被法国化学家安托万·拉瓦锡（Antoine Lavoisier）命名，它是宇宙中含量最丰富的元素。

关于黑体辐射的故事中，引入了光谱学，它也可用于分析遥远恒星发出的光。当一颗行星从恒星面前经过时，会引起恒星光线的微小变化，这是我们当今对遥远星系认知的主要来源。天文学家使用非常灵敏的分光计甚至可以分辨出这些经过的行星大气层的化学成分，从而可以估计这颗行星是否适合生命。如今，有确定行星的恒星数量以接近指数的形式增长，不难想象，在不久的将来，我们也许会发现一颗真正包含生命的星球。

天文学家是如何做出这种判断的？众所周知，每个生物体都会产生某些特定分子作为其新陈代谢的一部分，这是它从食物中产生能量的特殊方法。这些分子通常会进入行星的大气层。如果外星人观察地球经过太阳的过程，并测量地球大气层的光谱，他们会发现甲烷分子，这是最好的生命迹象之一。

人们可以通过吸收或发射光的特征频率来识别大气中原子的化学种类。随着光谱仪中频率的改变，这些频率出现了特征暗线。光谱中的线是由于原子中电子能量的变化引起的。

在 20 世纪初，物理学家们仔细研究了太阳光。他们发现了太阳光谱中的一系列暗线，这是由于太阳中最丰富的气体——氢气吸收了特定波长的光所造成的。物理学家们当时无法解释这个结果。整个光谱只有一小部分在可见光范围内，这些谱线有趣的特征是，它们的频率，一旦某一常数被剥离，就可以由数字 2，3，4，5，6 等的平方反比来描述。这个常数被称为里德伯（Rydberg）常数，以瑞典物理学家约翰内斯·里德伯（Johannes Rydberg）的名字命名。当时的物理学家完全不知道为什么观察到的只有这些离散的频率。

鉴于卢瑟福的实验证明原子的大部分空间是空的，至少 α 粒子轰击金膜的实验证明是这样，玻尔认为这表明每个原子内部都存在真空。在这个真空中，他假设点状电子以类似于行星围绕太阳运动的方式，围绕中心原子核运动。然而，行星轨道是由太阳系的历史决定的，在漫长的形成过程中，轨道的成形时刻受到太阳系演变的影响，因此行星轨道的半径在理论上有可能是任意值。

在玻尔的行星模型中，电子只被允许在某些离散的轨道上，并且假定光的每一次发射和吸收将使它们一次又一次地发现这些轨道。同时假定宇宙中的每一个氢原子都是这样。发射和吸收的光具有一个特定的频率，通过普朗克方程可以将它转换成一个特定的能量，与特定轨道的能量相对应。

这个模型的一个关键元素是一个新的长度，今天我们称之为玻尔半径。玻尔半径是模型的一个自由参数，它是某些常数的组合，如普朗克常数、电子的质量和电荷、真空中的光速、真空介电常数。自由参数是数值模型中的一个值，它可以根据手头的数据进行调整。玻尔半径是一个自由参数，它被用来计算里德伯常数。

在这个模型中，氢原子谱是指围绕中心质子（氢原子核）的点状电子的机械运动，当电子改变其轨道时，将会吸收或放出能量，也就是所谓的量子跃迁。它们是如何做到的，仍然无法解释。跃迁也是一个不太适合的比喻，电子要达到更高的轨道就需要更高的速度。电子轨道的这种模型普遍存在于关于原子的描述中，保存至今。例如，它仍然是美国原子能委员会（Atomic Energy Commission）的标志。

从两个甚至更多方面来看，这个模型其实是有争议的。从电场和电荷的角度来看，电荷的每次加速运动将会导致辐射。由于这种辐射，围绕中心原子核运动的电子将会损失能量，由于正负电荷相互吸引，失去能量的电子几乎瞬间就会落入原子核中。

在同步加速器中，电子在强磁场作用下被强制进入圆形轨道。由于它们的圆形轨道，它们沿与其轨迹相切的方向发射电磁辐射。这些电磁场被应用于表面物理，以探测材料表面的结构和动力学。辐射场的性质取决于电子的速度和轨道的直径。在欧洲，最大的同步加速器位于法国格勒诺布尔市。对于原子中的电子，这种由于辐射导致电子陷入原子核中的现象从未被观察到。原子在超过宇宙假定年龄的时间范围内是稳定的，所以电子绝对不会在其假定轨道上发生辐射，这一点不能由玻尔模型解释。

它也与力学中已知的事实不相符。力学的中心定理之一是，轨道，每一条轨道，总是与质量中心或电荷中心位于同一平面。这个定律被称为角动量守恒，它意味着电子轨道必须随时间保持稳定。

轨道基本上是平的，就像太阳系的行星一样，大部分都在一个平面上，称为黄道。然而，原子是球形的。氢原子电子的一个恒定的平面轨道如何能产生一个原子，也就是一个球体，仍然是个谜。对于平面原子，玻尔兹曼统计是行不通的。而普朗克的量子是由光发射的玻尔兹曼统计导出的。这是理论学家就同一个对象做出了矛盾陈述的一个很好的例子，根据角动量守恒，原子应该是平面的；然而根据玻尔兹曼统计，原子也是球体。而同样的推论，具有相互矛盾的性质在原子尺度上却是完全正确的，这将成为波粒二象性的基础。

在玻尔模型中，电子是如何与它吸收的光相互作用的，或者它是如何发光的，仍然不清楚。玻尔模型所能够解释的仅仅是涉及的能量，而不是实际的过程。众所周知，电子并没有跌落进入原子核，因为它不能，这是维尔纳·海森伯（Werner Heisenberg）在经典力学基础上发展起来的另一种观点的一部分，我们将在下一章中讨论它。

尼尔斯·玻尔（Niels Bohr）由于他的原子模型在 1922 年获得了诺

贝尔奖，比爱因斯坦晚一年。今天，很难判断这两种模型哪一个对量子物理学的贡献更大：一个假定了一种忽略基本物理学的全新的相互作用模型（爱因斯坦），另一个推导出仅在数值上与实验一致的结果（玻尔）。在这个时候，影响已经发生，物理学用了 40 多年的时间才调整过来。

5

伟大的不确定性

路德维希·玻尔兹曼，在前面黑体辐射一章中提到过，他是奥地利科学界的一位悲剧英雄。如今，仍有研究机构以他的名字命名，尽管意图很好，但这些研究机构无法与更受支持也更著名的德国马克斯·普朗克学会（简称马普学会）竞争。

玻尔兹曼于 1906 年自杀身亡，时年 62 岁，他的一生长期受到其他物理学家的敌视并深受困扰，也许从未恢复过来。其中影响最大的是奥地利物理学家恩斯特·马赫（Ernst Mach）（以马赫数或声速的倍数闻名）。马赫不认为原子是体积很小的球形物体，他认为这是形而上学的想法，因为当时原子是无法被直接观察到的。

这是一个强硬的声明，因为奥地利科学家约翰·约瑟夫·洛施密特（Johann Joseph Loschmidt）早在 19 世纪 60 年代就计算出了分子的大致大小，到 19 世纪 90 年代，几乎每年都会发现新的元素来填充周期表。马赫对原子的反对令人惊讶，英国化学家约翰·道尔顿（John Dalton）早在 19 世纪初就提出了原子理论，解释了化学元素通过原子重新排列来发生反应的方式，这一理论至今仍基本正确。如今，我们可以使用扫描探针显微镜在表面上用原子"打台球"。

玻尔兹曼几乎是单枪匹马地创立了热物理的统计理论，他最著名的方程，玻尔兹曼方程，刻在他位于维也纳中央墓地的墓碑上：

$$S = k \ln W \tag{3}$$

在这个方程中，S 是熵，k 是玻尔兹曼常数，$\ln$ 是自然对数。通常的对数，写为 $\lg$，以 10 为底数，自然对数 $\ln$ 是以 e 为底数，大约为 2.7。这个数字是由瑞士数学家莱昂哈德·欧拉（Leonhard Euler）计算出来的。

欧拉引入自然对数的问题是：如果我必须为一笔钱支付 100% 的利息，那么我将在年底时支付双倍的本金。但是，如果是以六个月为计息期，并且和十二个月的利率一样，则我将需要支付更多，因为利息又会产生利息。那如果是以每秒钟来计息呢？作为一名数学家，每秒钟似乎还不够，所以他将问题表述为 $e = (1 + 1/n)^n$，其中 n 趋于无穷。然后答案是 2.718……，小数部分永远不会停止。事实证明，大多数自然过程在某种程度上都与这个数字相关。

W 是可能的排列的数量，在玻尔兹曼的原作中，它代表的是 Wahrscheinlichkeit，德语单词的"概率"。W 是一个很大的数，在热物理学中，它描述了给定能量下，一个容器中所有分子的能量分布的可能方式。

熵和相关的物理定律说明，熵在自然过程中只能增加，这是难以理解的概念，只有在统计学的基础上才能理解。当年作为利物浦大学的一名讲师，我有一个吃力不讨好的任务，教授化学专业二年级学生的《热力学基础》。我花了三年时间才找到一种方法来解释 W 和熵的概念。化学专业的学生并不精通数学，所以我不得不找到一种不需要复杂数学的方法来解释背后的物理思想。接下来，就是我怎么做的。

我说，想象一下，你有 10 个独立的分子，它们可以具有从 0 到 2 的每一个能量。这就给了你三个不同的能级，0，1，2。如果 10 个分子的能量为 0，那么所有分子将保持在状态 0。由于只有一种可能的能量分布，W 将是 1。1 的自然对数是 0，所以在这种情况下熵为 0。这是 10 个分子温度为零时的情况。如果这 10 个分子获得 1 个单位的能量，那么这 1 个单位可以用来将 1 个分子的能级从 0 升高到 1。由于 10 个分子中的每一个都可以具有 1 个能量，所以在这种情况下 W 是 10，熵增加。如果这 10 个分子具有 2 个单位的能量，那么这 2 个单位可以由 1 个分子具有（这时 W 为 10），或者有 2 个分子每个具有 1 个单位（这时可能性是 10 乘以 9，因此 W 为 90），这样 W 的总和为 100。随着时间的推移，10 个分子将达到一个平衡，对应于可能性数目最多的状态。在我们的例子中，2 个单位的能量，结论是 2 个分子在能级 1 上。

另一种考虑这个问题的方法是，认为每种能量分布可能性的权重一样。由于 2 个分子在能级 1 上具有 90 种不同的可能性，而 1 个分子在能级 2 上只有 10 种可能性，第一种分布的可能性是第二种的 9 倍，所以平均来说，发现这种分布的概率要大得多。

这些数字随系统中分子数目的增加而迅速增加。如果将 23 个分子放在 4 个不同的能级，则在能级 0 有 12 个，在能级 1 有 6 个，能级 2 有 3 个，能级 3 有 2 个，23 个分子的总能量是 18 个单位的能量。然而，可能性的总数将达到 6246600360，也就是 6×10^9。对于一个具有大量能量的巨大系统，将导致能量的玻尔兹曼分布，或者说当分子携带的能量不断增加时，这些高能分子的数目呈指数趋势减小。

普朗克在推导黑体辐射时使用了这种分布。有两点值得注意：第一，即使体系能量增加很小，排布可能性的数目（熵的值）也会急剧地增加；第二，如果新的能级出现，能量分布将会重新调整来占据这些新出现的能级，从而最大限度地增加可能性的数目。从本质上讲，这是一种关于熵的定律，它表明在自然过程中熵总是会增加，自然过程总是倾向于打开新的能级而不是关闭已有的能级。

这与我们第一次量子革命的故事有什么关系呢？结果表明，人们可以建立一个实体的统计模型，通常被认为可以用来修正力学定律。这主要是由维尔纳·海森伯和马克斯·玻恩（Max Born）完成的。1924 年海森伯在哥本哈根与玻恩一起度过了学术休假。他著名的关于矩阵力学的论文，在他回到哥廷根的几个月后就发表了。

海森伯和许多物理学家一样意识到，玻尔的氢原子模型前途渺茫。因为该模型不能解释为什么电子会选择特定的轨道（没有提供任何理由）；为什么原子会是稳定的（这意味着原子是平面的）；它也没有展示电子是如何吸收或发出光的。

此外，该模型仅提供了氢原子光谱的正确值，这只是所有已知元素中的一个。对于其他元素，它根本不起作用。但是，海森伯并没有寻找新的模型，他认为，人们不能指望经典物理学会在原子领域发挥作用。需要改变的不是模型，而是物理学描述现象的方式。

在热物理学中，理论模型必须描述大量的分子，通常约有 10^{23} 数量级的分子。例如，1 克氢中含有约 6×10^{23} 个分子。这个数字被称为阿伏伽德罗常数（Avogadro's constant），以 19 世纪意大利科学家阿梅代奥·阿伏伽德罗（Amedeo Avogadro）的名字命名。阿伏伽德罗常数就像一个标度因子，从单个原子和分子尺度到日常生活的尺度。上面提到的玻尔兹曼常数 k，与阿伏伽德罗常数的倒数相近，约为 10^{-23}；而且它也是一个类似的标度因子：从分子填充给定能量空间的可能方式到日常生活系统中的熵。到目前为止我们遇到的第三个标度因子是普朗克常数 h，它描述了能量空间的尺度。

如果有人想要描述 10^{23} 个分子的状态，它们被保存在一个一定压力和温度下的容器里，就需要考虑每个分子的位置和速度。最简单的这样做的方法是在一个称为构型空间的数学空间里。

真实空间有三个维度，而构型空间有六个：分子位置有三个维度；分子速度，或者说分子动量（即分子速度乘以质量）有三个维度。在数学中，一个方向上的位置用符号 x 描述，相同方向的动量由 P_x 来描述。分子间的碰撞会改变它们的动量。分子与容器壁的碰撞会导致容器内的压力，使分子被限制在其中。

在每一时刻，单个分子的位置和动量都会发生变化，因此尝试一直跟踪记录每一个分子是不可能的。然而，对于气体的热学性质——所有相关的热学性质——可以知道在给定时刻，在构型空间中占据特定区域的分子的平均数量。构型空间的规律与牛顿的力学定律是一样的，但它们是用位置和动量来表示。假设我们知道，至少在理论上，具有无限精度的位置和动量，则在构型空间中的每一个分子都将被描述为一个点：这是经典模型的本质，我们知道粒子的确切位置，至少在理论上是这样。

而电子，海森伯认为并不是这样的。

首先，他说，氢原子中的轨道不能真正被观测到，因为我们今天没有任何手段可以去测量它。此外，它们从一条轨道到另一条轨道的跃迁过程也无法被详细地了解，因为物理学家同样没有任何方法可以去测量这个过程。那么我们为什么不承认这些，然后修改在构型空间中对电子的描述。不同于热物理学中分子占据构型空间中一个点的图像，我们认为在某个给定时刻，我们并不知道分子的确切位置，只知道它们所在的区域。此时，电子在构型空间中变成了模糊的物体。

对于这种模糊性，他发现了一个数学表达式。在数学中，一个小的变化由希腊符号 delta（Δ）给出，他发现 x 的微小变化，Δx 和 P 的微小变化，ΔP，不能为任意小，而是必须保持在某一阈值之上。对于两者的乘积，他发现了以下表达式：

$$\Delta x \cdot \Delta P > \frac{h}{4\pi} \tag{4}$$

这就是量子力学中著名的不确定性关系。海森伯通过一个假想的实验得出了它们，该实验将使用显微镜用 X 射线来测量电子的位置。这样的显微镜使光子从电子上反射，并且由于 X 射线的能量相当大，电子的反冲在原子的能量尺度上是相当大的。

我将在第三部分中展示一种不同的显微镜，它不会使物质从电子上反弹，这是 30 年前才发明的，它的精确度比海森伯所假想的要高得多。通过这样的显微镜获得的实验结果，达到了当今的复杂度和精度，使得不确定性关系在一个搭乘飞机的社会中，看起来像一辆牛车。在理论物理学上，我们将看到它的深远影响。

这种不确定性关系主要用在过去和今天的许多教科书中，作为一个物理定律。一个例子就是，氢原子的电子不会落入原子核的说法，因为如果它的位置被非常精确地知道，就要求它的能量必须无穷大。这种思维方式在逻辑上可行吗？

假设，电子想靠近原子核。当它向原子核移动时，它的位置越来越能被确定。由于它的位置变得更加局限，根据不确定性关系，它的动量、从而它的能量应该增加。但是，不幸的是，电子不可能增加它的能量，因为它没有与其他物理对象，比如电磁场相互作用。所以电子实际上不能增加它的能量。事实上，当它落入质子的静电势阱时，它的能量会减少。

因此，高能级的能量不可能是电子不落入原子核的原因。所以电子不会落入原子核的唯一原因是，电子性质的数学表达式决定了它不能。

不确定性关系实际上并没有描述电子的物理性质。它们只描述了电子位置和动量的统计测量，称为标准偏差。也就是说，如果对位置和动量进行了非常多次地测量，那么这些测量结果就不能比某个特定值更精确。你会同意，这并没有具体说明电子到底做了什么或者没有做什么。因为与许多理论物理学家今天所认为的相反，数学并不会给你原因，它只给了你数字。

电子不会落入原子核的物理原因是，电子实际占有的体积太大了，几乎包含了氢原子内的所有体积。使电子占有体积变小的唯一可能是增加原子核的电荷。

电子，从此以后，就不再是空间中的对象，而成为具有物理性质的抽象实体，只有在实验中才能体现出来。从海森伯的角度来看，这个研究项目是成功的：量子力学目前所面对的唯一属性就是测量结果。从物理学的角度来看，这是适得其反的。

许多物理学家在他们的脑海里，用一种基于常识的方法来分析实验，这种方法是基于事件以及事件的因果联系。如果这样一个因果链可以在头脑中构建，那么一个实验或一个过程就可以被理解。在量子力学的某些理论中，试图建立一个因果关系，但实际上因果关系却并不存在。在爱因斯坦与玻尔之间的争论中，这个问题将会显现出来。

事实证明，不确定性关系也是量子力学中的薄弱环节。

他们所说的是，本质上，一个人不可能高于一定精度来测量电子的性质。虽然这在20世纪20年代似乎是一个合理的想法，当时一些物理学家仍然认为原子是形而上学的物体，这在现在看来有些无法想象。现在我们能像玩台球一样来操纵原子，还能以相当于原子直径千分之一的精度记录电子的运动。

他们最薄弱的环节是由于，在数学上，不确定性原理可以从海森伯矩阵力学的一般定理得出。如果不确定性关系被破坏，矩阵力学就不可能正确。

　　如第三部分所示，这种不确定性关系，在 20 世纪 80 年代的思想实验中被首次打破，现在每天都有大量的测量数据与它相违背。

这是什么波

波无处不在。

当我们讨论黑体辐射时，我们已经简单地讨论了光波。但是我们可以看到的光只是整个电磁波频段的很小一部分。从用来可视化我们身体内部结构的 X 射线，到太阳所发出的可见光，再到用于夜视设备的红外线，以及可以加热水分子和探测飞机的微波和我们通信设备所使用的无线电波等都是电磁波。

今天的世界充满了电磁波，它们确实无处不在。然而，这些并不是唯一的波。

我们通过声波进行交流，这是一种在空气中移动的小压力气泡，通过我们耳朵里一种类似于用皮肤做的小鼓装置探测到。在声波中，空气分子并不会以声音的速度移动——声速，大约是 340 米 / 秒——而是在一定位置上振动。这些振动和相关的压力梯度以声速在空气中移动，让你明白另一个人在说什么。

类似的波，许多数量级更大，比如海浪，水分子会被移出它们正常的位置，随后波纹在海洋中移动，当波浪撞击沙滩时，在海滩上聚集起来。海浪可以达到喷气式飞机的速度，如果是由于海底地震，海啸中聚集在沙滩上的海浪是非常强大的，极具破坏性。更不用说，陆地上的地震也会在地下岩层中产生压力波，它们以极快的速度在地层中移动。如果你曾经历过地震，当地面开始在你的脚下摇晃时，你就会知道这种可怕的感觉。

正如我所说的，波确实无处不在。

当物理学家开始研究波时，他们试图理解为什么弦乐器的音调会发生变化，这是因为琴弦的长度被改变了。音高与声波每秒钟的振动次数或频率有关。在琴弦的这个例子中，波被限制在两个连接点的长度之间。因此，就像前面章节一个黑体腔内的光波一样，频率必须使波的节点与弦的连接点重合。

如果考虑这种情况，一个波只有一个波峰的话，则它有最长的可能周期和最低的可能频率。在音乐理论中，这被称为弦的基频。然而，也有更短的周期和更高的频率，这种情况下波仍然保留着连接点作为节点：这些被称为泛音或谐波。

每种乐器，不仅是弦乐器，都具有基频和谐波的特征组合，使得它的声音可以被辨认。在物理学中，弦的这种行为理论上可以用一个方程来描述，这个方程在 18 世纪由法国数学家让·巴蒂斯特·阿拉姆伯特（Jean Baptiste d'Alambert）发现。然后这个方程被推广到了三维，从而适用于自然界中所有的波。

这些波动方程描述的是周期性变化，比如电磁场的振幅，声波中某一位置周围分子的振动，或海浪中水面的上下波动。这些方程的重要特征在于它们是对振幅的描述。方程并不限制一个波的音调或周期。频率起源于弦的两个连接点，然后随波所处的物质环境而移动。但是对于一个氢原子中的电子来说，它并没有连接点。

当奥地利物理学家埃尔温·薛定谔（Erwin Schrödinger）在 1925 年

考虑氢原子的问题时，他知道吸收光的频率遵循一定的序列，同时他从光谱测量和普朗克量子论中知道原子中电子的能级；他也知道电子是波，因为电子在物质中散射时显示出类似于光波的行为。波状行为表明，其行为的正确数学表达式将是波动方程。然而，正如我前面所述，物理学中的标准波动方程并不会限制频率。

因此，薛定谔在 1926 年提出了一个新的方程，被称为薛定谔方程，它很可能是原子尺度物理学中最重要的方程。巧合的是，密度理论也由一个类似的方程描述。这个新的方程包含两项，其中一项作用在波幅上可以导出波长，另一项则是波幅和电场的乘积，他要求这两项导出一个常数。在物理学中，这种类型的方程被称为特征值方程。量子力学中的每一个问题都可以表达为一个特定的特征值方程。从数学的角度来看，这看起来仍然像一个波动方程，但它有两个附加的项：与电场相关的项和与常数相关的项。所以它不再是一个真正的波动方程，而是不同的东西。它是什么呢？

考虑到波的波长与其频率相关，通过普朗克能量，第一部分描述了由于特定能量引起的周期性，即一个特定的运动状态。由于物理运动而产生的能量被称为动能。第二部分则完全是虚构的。

波通常是用它们传播的介质材料的状态来描述，而不是用电场来描述。在这里，它通过相当于与电场相互作用的能量的值来改变动能，给出一个被称为势能的东西。这个词来自行星运动的力学。在那里，每个行星在其椭圆轨道上都有一定的速度，从而具有一定的动能。根据其相对于太阳的位置，以及这一点上太阳的引力场的强度定义了势能。

当薛定谔发展出他的方程时，电子被认为是点状粒子。所以方程中的两项定义了类似点状电子的总能量。对于薛定谔方程的每一个解，总能量是一个常数，太阳行星椭圆轨道的总能量也是恒定的。

有了这个方程，薛定谔就可以求解氢原子问题，并证明了波的恒定能量等于玻尔推导出的行星模型的能量，轨道间的能量差与氢原子吸收谱吻合。到目前为止，人们可以说，这是一个伟大的结果。

然而，仍然存在两个问题：如果电子是一个点，那么它如何发射和吸收光波？爱因斯坦光电效应的模型也存在相同的问题。如果电子是一个点，那么波的重要性到底是什么？这两个问题在正统理论中至今仍未得到解决。

这些波不是波，因为仍然不清楚到底是什么发生了波动。因此，它们没有被称为波，就像在物理学所有其他现象中一样，而是被称为波函数。这个名称"函数"意味着它们存在于数学表述中，而不是在现实世界中。

在对薛定谔方程的主流解释中，也就是哥本哈根诠释，玻尔是其最强烈的支持者，这些波函数是非常特殊的实体。以下就是哥本哈根诠释：

1. 波函数是一个复数，即使它完整描述了一个物理系统，它也不能直接描述系统的物理性质。

2. 波函数在实验中无法测量。

这再次引出了一个问题：这些通常用希腊字母 Ψ 表示的波函数究竟是什么？由于它们没有描述任何物体的物理性质，并且由于它们不能被测量，所以波函数不是空间中的正常物体。同样的原因，光子也不是空间中的正常物体，但是光子至少存在于一个系统中，因为它们与电子相互作用，而波函数却不能相互作用。因此，波函数在系统中的任何地方都不存在。

在量子力学中，公认的是，波函数是抽象数学空间中的对象，这个空间被称为希尔伯特空间。这个名字来源于德国数学家大卫·希尔伯特（David Hilbert），他主要生活在 20 世纪。这种在希尔伯特空间的独特存在，根本就不是一个问题，只是有点复杂而已。

如果波函数完整描述了一个系统，它肯定也会在某种程度上描述物理学家在现实世界中测量的是什么。然而，波函数仅仅存在于希尔伯特空间中，没有办法做到这一点，因为它绝对无法被测量。

对于一个专业人士来说，这个问题被称为测量问题，或者是波函数塌缩的问题，或者薛定谔猫的问题，它从一开始就困扰着量子力学。那么，既然不能被测量，波函数又是如何导致测量变化的呢？

对于这一点，我希望读者和我一起忍受，因为它需要一些数学，并将导致另一个（尽管非常短的）方程。生活在希尔伯特空间的波函数有一个姐妹，称为对偶波函数，它可以从被称为对偶运算的东西中从波函数本身克隆出来。这是一个数学操作，与共轭复数类似。共轭复数是指通过将一个复数（复数包含实部和虚部）的虚部改变正负号，就得到了原先复数的共轭复数。对偶波函数，用一个奇怪的符号标记：Ψ^+。现在可以将波函数和它的姐妹相乘，得到一个新的量，我将用 d 来表示：

$$\Psi^+ \Psi = d \qquad (5)$$

d，令人惊讶的是，原来是电子的密度，这就是密度理论的基础。

这个方程是由德国物理学家玻恩提出的，他假定已经解决了波函数和测量之间的关系问题。密度，毫无疑问，现在已经可以用扫描探针显微镜非常精确地测量，所以它们确实是现实世界中的物理对象。然而，这并没有使情况得到改善。

这个方程说的是，人们可以把两个现实中不存在的实体，通过简单地将它们相乘，就得到一个存在于现实中的实体，并决定一个物理系统的所有属性（还记得吗，这就是密度所做的）。玻恩显然没有解决这个问题。

因为此时，量子力学在说：我可以选取一种语言（这种情况下是数学）的元素，通过调用这些元素，我可以创建一个在真实空间中决定它物理性质的对象。由于所有的科学都是基于"自然界的所有现象中物质效应必须由物质产生"这一基本准则，因此这种观念科学吗？

　　这看上去似乎只是玻恩的问题，有人会发现一个聪明的方法将波函数与现实联系起来。但这个问题是一个根本的问题，无论怎样选择从数学空间到现实空间的路径，它都不会消失。这一点，用数学对象来确定物理性质，也是理论物理学发展的一个重要里程碑。

　　到这里，我们首次发现，现实和真实的物理对象已经从系统的理论描述中消失了，而理论物理学家却断言，计算结果将反映真实空间中的事件。如果有人想到这点，就不难看出这样一个错误怎么会被忽视这么久。

　　如果你记得在这部分的开头伊西多·拉比的名言，"问题是这个理论（量子力学）太强大，太令人信服了……"，现在应该清楚，他认为物理学家至少在1985年以前错过了什么基本点。实际上直到2016年3月当我终于发现，正是认识到量子力学不具有因果性的原因，不是因为自然界不具有因果性，而是因为它假定数学对象可以产生物理效应不具有因果性，我才恍然大悟，在20世纪，所有物理学家都忽视了这个基本点。

　　如今，我的感觉是，理论物理学家从1900年左右开始，被特别训练去相信数学。对他们来说，面对实验结果，发明具有所需数值特性的新数学对象成了新的常态。这甚至是当今许多理论物理学家工作实践的一部分。

　　比如，如果一位理论物理学家想要描述实验结果，他通常会开始在一块白板上写下一些符号。用这样一种方法的期望，似乎是通过对这些符号适当地操纵，也就是当今理论物理学家非常擅长的，揭示出一个结果来回答发生了什么的问题。很有趣的是，这样的方法实际上并没有解决问题，因为唯一可能的解决方法是，有一个关于实际发生事件从一个时刻到下一个时刻的详细描述。理论的方法，我认为历来是数学家的方法，所以不提供这样的描述，因为它常常导致逐渐接受——这似乎是量子理论学家最常见的心态。数字可以被复制，而实际的事件超出了理论物理学的范畴。它们需要的不仅仅是数学运算，正如第三部分将会揭示的那样。

与实验物理学家广泛合作的理论物理学家的工作实践，实际上是非常不同的。

在我的工作中，例如，关于金属和半导体表面的纳米科学，我们同事之间通常以一个无法理解的实验结果作为开始展开讨论。在这些讨论中，我们试图猜测各种可能的情景，实际发生的事情，使得我们可以衡量我们所测量的结果。这些猜测不断被修正，直到可以确定我们所研究的原子和分子的测量结果。然后在我们的计算机模型中对结果进行测试，这通常会给我们一个直接的答案：是的，这是可行的；不，这是不可能的。在我们的思维中，从来没有真正超越真实空间的事件。而我们所采用的方法，是其他所有科学家和工程师都会使用的方法，并且在他们的工作中已经使用了数百年。从这个角度来看，很明显，20世纪初的理论物理学家并没有发现一个与我们日常经验截然不同的新的科学领域；他们只是无法将他们的数字与真实空间中的事件联系起来。

我已经开始对量子力学的逻辑结构进行分析，并发展出这样一种见解：它在波函数的概念上与中世纪柏拉图的逻辑结构非常相似。

当我在2016年3月第一次意识到这一点的时候，我并不确定，但是我现在面临的问题是，找出一个特定测量结果的原因是什么，以及慢慢意识到实际上并没有原因。看来，数百篇的文章，许多的书，以及关于波函数问题的无休止的学术会议，以一种有趣的方式回避了真正的问题。事实是，密度具有一个特定值并没有物理上的原因，这就像"房间里的大象（elephant in the room）"，没有人愿意讨论。

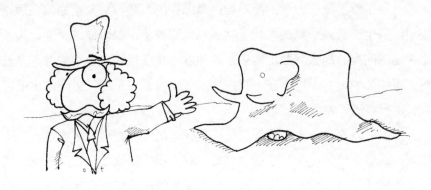

"看那儿……！问题解决了！"

我花了相当长的一段时间才接受这确实是一种新的见解，而物理学到目前为止仍然假定波函数必须具有物理意义，因为它们被用来描述实验。

甚至还有一些模型，它们试图模拟一种效应，当系统被测量时，波函数会立即塌缩到所需的值。一个更为奇特的模型，被牛津大学的学者们所喜爱，他们中一些是量子计算最有声望的支持者，他们认为每一次测量都会创造更多的宇宙。这种模型也被不少科幻作家所接受，并且是他们一些小说的核心，其中包括美国作家尼尔·斯蒂芬森（Neal Stephenson）的《阿纳坦》（*Anathem*）、特里·普拉切特（Terry Pratchett）和史蒂芬·巴克斯特（Stephen Baxter）的系列小说《长地球》（*The Long Earth*）和伊恩·班克斯（Iain Banks）的小说《转变》（*Transition*）。

当然，这些小说里不能见到任何物理因素。波函数没有物理意义，它们的意义纯粹是数学上的。

我会让读者做一个小测试。每当他在试图解释一个物理效应使用了波函数这个术语时，都用三角形来代替。一个三角形包含的物理意义和一个波函数一样多，不同的是三角形在理论计算中不被使用。从逻辑上讲，三角形与测量结果的相关性与波函数一样。

一旦了解了量子力学的游戏规则是怎样的，数学对象是如何在理论发展的各个交叉点系统地取代了物理对象和概念，很明显这个问题是一个普遍的问题。那么问题出现了，这种方法在现代物理学中究竟有多普遍。事实证明，它无处不在。我在这本书中勾勒出了量子力学的主要阶段，也只有量子力学。

你也可以更进一步，看看这是否同样适用于核物理、宇宙学、粒子物理，或者弦论。从我对这些领域的了解，我的印象是，它似乎也适用于这些领域。在这些领域中，没有一个领域的理论模型实际描述了特定事件或测量结果的原因是什么。都没有给出原因。相反，有三角形，到处都是三角形。

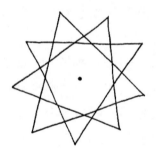

7

磁性的奥秘

人们在很久之前就认识到了磁性的存在。在欧洲，关于磁性最早的记录可以追溯到古希腊米利都（Milet）的泰勒斯（Thales）。在古希腊时期，米利都是今天土耳其海岸上一个繁荣的城邦。约公元前600年，泰勒斯观察到磁铁矿——一种由铁的氧化物构成的晶体，能够吸引铁。

磁铁（magnet）这个名字来源于古希腊城邦马格尼西亚（Magnesia），它也靠近土耳其海岸。古希腊科学家花了一些时间发展出一套理论，来解释磁性究竟是如何起作用的。其中，第一个为人所知的模型是由古希腊哲学家伊壁鸠鲁（Epicurus）提出的。

伊壁鸠鲁认为，磁铁会发射出一束种子，这束种子会将磁铁和铁之间的空气吹走，随后吸力或低气压会把铁吸向磁铁。然而，他无法解释为什么磁铁只会对铁产生作用，而不能对，比如金、木头产生作用。而且，正如一位后来的罗马科学家所说，这也不能解释为什么磁铁能够吸住五个一连串的铁环，尽管只有第一个铁环与磁铁有接触。对古人来说，磁性是一个很大的谜。接下来我们将看到，其部分内容即使在今天，仍然是一个巨大的谜团。

尽管古人不清楚磁性是如何发挥作用的，但这并不妨碍他们将其应用于技术创新。中国人发明了指南针，使得人们能够航行到远海水域，并为洲际航海提供了技术储备。在 12 世纪末期，指南针被传入欧洲。正是由于这项技术，哥伦布（Columbus）于 1492 年航行到了加勒比海，麦哲伦（Magellan）的探险船队于 1522 年完成了环球航行。

第一个发现指南针工作原理的是威廉·吉尔伯特（William Gilbert），他是伊丽莎白女王的御医，英国皇家内科医师学会（Royal College of Physicians）的主席，同时也是一位物理学家。他在 1600 年出版了他的著作《论磁石》（De Magnete）。他指出地球本身是一个巨大的磁体，由于地球磁场的作用，指南针总是指向北方。

他建造了一个地球的小模型——一个球形的磁铁，这样他就可以展示指南针的指针，指向地球表面的不同位置。吉尔伯特也意识到，月球始终用同一面朝向地球，他想知道它们是否也是通过磁力联系起来。开普勒也有同样的想法，并且在某种程度上认为，考虑到地球是一个磁体，它绕着太阳沿椭圆轨道运动，那么它可能是通过磁力与太阳相连。这是一个很好的想法，但不幸的是，它是错误的。

磁力与引力或电荷的相互作用有本质的不同。

物质之间的引力总是相互吸引的，而电荷之间的作用力既可以是排斥的，也可以是吸引的，这取决于两种电荷是同性还是异性，而磁体之间的作用力则取决于它们的方向。磁力不是由于质量或电荷产生的，而是由于电荷的运动产生的电流定向排列而成。

磁偶极矩可以用一个指向特定方向的小箭头来表示。以地磁场为例，在地球上的每一点，这个小箭头几乎都指向正北方。这正是指南针所感受到的磁场。

磁学史上的下一件事是德国好医生弗朗茨·弗里德里希·安东·梅斯梅尔（Franz Friedrich Anton Mesmer）掀起的一股热潮，我们至今仍然保留着来自于他的"mesmerising"这个词。梅斯梅尔认为，每个动物都拥有与其生命力相关的磁力，动物之间的磁力会发生相互作用，进而产生物理效应。这里的动物主要指的是人类。

从 1779 年开始，大约有 75 年的时间，出现了一个重要的医学领域。在这个时期，有数百本关于这个领域的著作诞生。相当有趣的是，梅斯梅尔论文的主题是潮汐对人体的影响。尽管没有证据表明潮汐确实对人体有影响，但后来，人们清楚地看到，人类情绪容易受到外界变化的影响，例如缺乏阳光。

磁学的下一个飞跃是由丹麦物理学家汉斯·克里斯蒂安·奥斯特（Hans Christian Oersted）取得的。他在大约 1820 年发现，电流附近的小磁针指向会发生改变。当他进一步研究这个效应时，他发现导线中的电流在导线周围产生了磁场。这也是人们首次发现电和磁之间的关系。至今，奥斯特仍被用作磁场强度的单位。

这一发现为英吉利海峡两岸的一系列科学活动铺平了道路，并最终形成了那个令人印象深刻的电磁学基本框架，它是在 19 世纪 60 年代由苏格兰人詹姆斯·克拉克·麦克斯韦（James Clerk Maxwell）制定的。正如大家所知，麦克斯韦方程有趣地包含了电磁场以波的形式在空间传播的可能性。这些波，是今天无线电通信的基础，它在 20 年后才被德国物理学家海因里希·赫兹（Heinrich Hertz）探测到。

磁场本身有很多实际的应用。它们在电动机和发电机、磁性硬盘上的数据存储、核磁共振成像中的全身扫描、高速磁悬浮列车中，都起着至关重要的作用。直到 20 世纪 20 年代，对于在分子和原子层面上磁性是怎样起作用的，科学家们最好的猜测是：磁性物质中存在一些微小的环形电流。

在物理学中，这样的环形电流用一个小箭头（一个垂直于回路的矢量）来描述。一旦它们处于磁场中，这些矢量被认为将会自发对齐。然而，在 1922 年，这一情况发生了改变。

这一年，两位德国物理学家瓦尔特·格拉赫（Walter Gerlach）和奥托·施特恩（Otto Stern），试图确定单个原子中电子的磁性，而不仅仅是磁铁的磁性。如果一个人相信玻尔的氢原子模型，那么用来表示氢原子中电子旋转平面的矢量，在空间中的取向是任意的。如果它在磁场中，这个矢量就会绕着磁场的方向进行旋转。如果这个磁场不是均匀的，那么它就会迫使原子根据其旋转矢量产生的磁偶极矩来调整其轨迹。

那么，可以预见，这些原子会在探测屏上形成一片黑斑，原子随黑斑中心往外逐渐减少。

然而，当施特恩和格拉赫检查他们的探测屏时，观察到的并不是一片黑斑，而是两条线：一条线偏离中心，在更高场强的方向上，一条线在较低场强的方向上。这个结果完全出乎意料，理论学家大约花了五年时间才想出了一个模型。

这个结果之所以令人惊讶，是因为它表明电子只有两种可能的磁偶极矩，而且它们都不是由电子轨道产生。

最初的实验是用银原子做的，银原子的最外层只有一个电子。但随后他们又用氢原子重复了实验，得到了相同的结果。银原子或氢原子中的电子究竟发生了什么至今也不知道，它给我们提出了一个相当有趣的逻辑挑战。

假设电子的磁偶极矩指向一个特定的方向，并且假设它的方向是随机的，那么实验结果必然是一个黑斑，如上所述。你现在可以假定，这个方向不是随机的，其中一类电子的矢量取向朝上，另一类电子的矢量取向朝下。这将与实验一致。然而，情况有一点小复杂。

如果你把决定原子运动轨迹的磁体旋转90°，你会得到完全相同的实验结果：原子撞击探测屏产生了两条线，只不过这次两条线一左一右。如果矢量有一个特定的方向，那么当我们把磁体旋转不同的角度时，应该得到不同的实验结果。这个结果意味着矢量不能有特定的取向。

由于具有特定取向是矢量的基本性质，所以没有特定取向的矢量是矛盾的。因此无论什么决定了氢原子电子的磁性，它都不会是矢量。在物理学中，我们将不依赖于空间方向的性质称为各向同性。这样看来，银原子或氢原子中电子的磁学性质在空间中是各向同性的。

但这里还有另一个问题，甚至更为根本。

到目前为止，物理学家已经用小箭头"矢量"描述了所有磁体和磁性材料的磁学性质。然而，电子似乎有这样一种磁偶极矩，它不是一个矢量，但当它被测量时，这个磁偶极矩却会表现为一个矢量。直到今天，这些问题对于电子的理解来说仍然是非常困难的。当我向我的学生们指出这一点时，他们通常选择不去想它，从关于磁学的讲座中走出来，他们觉得物理学，它的核心，非常奇怪。

那么量子力学是如何解决这个逻辑问题的呢？简单的答案是，没有解决。相反，它又回到了数学解说中。

事情是这样的。首先，你假设电子的磁性是由于称为电子自旋的东西产生的。旋转意味着，就像轮子旋转一样，物体转动。这种含义使得好几代理论学家，对一个可能的旋转电子的性质趋之若鹜。然而事实上，氢原子中的电子，至少到目前没有实验证明存在旋转。在大多数科学出版物中，自旋都用箭头来描述，箭头朝上称为自旋向上，箭头朝下称为自旋向下。但是，自旋不是矢量，甚至不是一个几何对象。它也不存在于三维的真实空间中，而是在一个称为自旋空间的数学空间中。

现在你已经成功地将自旋定义为抽象的东西，不再适合从因果关系的角度来进行彻底的分析。你必须找到一种方法，使得自旋在实验中成为一个矢量，因为在某处应该具有一个磁偶极矩，然后才能与磁场相互作用。这是一个比让波函数可被测量更困难的问题，因为在这里我们需要的不是一个数字，而是一个矢量，并且当磁场方向不同时它需要给出不同的答案。

这就是奥地利物理学家沃尔夫冈·泡利（Wolfgang Pauli）的切入点。他发明了一条从数学上的自旋空间到真实矢量空间的途径。完成这项任务的数学工具叫作泡利矩阵。矩阵是由数字组成的方形阵列，4、9、16 个数字分别可以构成 2×2、3×3、4×4 矩阵。泡利矩阵包含四个复数，它们是一种数学的方式，这种方法非常聪明。

自旋乘以泡利矩阵后变成一个矢量，它有了一个方向从而具有了磁偶极矩，然后就能够和磁场发生相互作用。所以导致原子以某种特定方式改变运动轨迹的原因不是一个物理原因，而是一个数学对象以及另一个数学对象对它进行地巧妙变换，而另一个数学对象就是泡利矩阵。如果我的一个学生问我，为什么原子会向上偏转，我会说，因为电子自旋向上。如果他们问，一个点的自旋向上是什么意思，我只能回答，我不知道。我的同事们也不知道。

如果你仔细想想，量子力学实际上并没有做出预测，它只是使实验结果形式化。因此许多物理学家说，量子力学的预测被证明是准确而且精确的，这样的说法也靠不住。

这个说法可能值得解释一下。考虑施特恩—格拉赫实验中对氢原子的测量，能够预测实验的结果意味着我必须确切地知道测量前氢原子电子的自旋态，然后我必须证明这个特殊的自旋态由于一些物理的相互作用导致了一个特定的运动轨迹。

然而，我只知道测量后电子的自旋态，而不是之前的，因为根据正统理论，只有测量能告诉我自旋态是怎样的。然后我说，因为测量的结果是这样的，所以电子的性质是那样的。根据正统理论，实际上没有办法验证这是正确的，因为如果测量结果是相反的，那么我只需要假设自旋是相反的，无法进行独立验证，因为自旋不存在于真实的空间中，也不是一个真实的对象。

为了证明我的假设是正确的，我必须有两个自旋状态已知的氢原子电子，一个自旋朝上，一个自旋朝下，然后证明自旋朝上的电子推动原子向上，而自旋朝下的电子推动原子向下。然而，我所拥有的只是实验的结果。在拉丁语中这叫作，*post hoc, ergo propter hoc*（在这之后，因此是由这个引起的）。在目前的思路中，这应当被称为关联而不是因果关系。

从逻辑上讲，所有量子力学给出的都是关联，而不是因果关系。两个连续的测量也不能解决这个问题。你仍然不知道是什么推动了原子向上。这不可能是电子的自旋，因为自旋不是一个矢量。

结果表明，经过仔细分析，传统图像中存在一个基本的逻辑问题。

一旦你知道了这个问题，这种感觉就像是：为什么我以前没有考虑过？事实证明，它是正确的，自旋各向同性，且有两个不同的方向。这似乎是矛盾的，但前提是电子被假定为点。在本书中，点状电子被一次又一次地认定为基本概念问题的根源。

爱因斯坦的光电效应模型不适用于点状电子，因为电磁场将不能把能量传递给电子。玻尔的氢原子模型存在缺陷，如果电子被假定为围绕原子核轨道中的一个点，那么它与物理学中的两大理论框架：电动力学（辐射和稳定性）和热力学（平面轨道）相冲突。最后，如果电子是一个点，那么薛定谔方程对于数学空间中的波函数没有物理作用。这些基本问题存在于量子力学的基础层面，更不用说这个尴尬的事实：一个点状电子静电场的能量和电子密度必须无穷大。考虑到宇宙中可能有 10^{80} 数量级的电子个数[1]，宇宙的总能量也必须是无穷大的，这就提出了一个问题：这个能量最初来自哪里？

然而，如果假设氢原子中的电子在氢原子核周围呈球形分布，这个

---

[1] Kohn W. Electronic structure of matter. Reviews of Modern Physics, 1999, 71（5）. https: // journals. aps. org/rmp/pdf/10. 1103/RevModPhys. 71. 1253

问题就消失了。

因为如果这样，处在不同位置的电子，自旋可以有不同的取向，类似于地球不同位置上指向空间不同方向的指南针。在第三部分中将会证明，自旋是一个矢量，它与氢原子径向矢量平行。第二个问题，即各向同性的自旋如何在测量时变为特定取向的磁偶极矩，也容易解决了，只要你假设磁场将导致自旋旋转到磁场方向。

如果这样，所测量的就不是最初各向同性的自旋分布，而是由于磁场引起的自旋分布。所以尽管磁场诱导产生的自旋分布仍然是一个矢量，但它却不再是各向同性的，而是与磁场的方向一致。如果最初有两个不同的自旋方向，那么磁场会以不同的方式旋转两个自旋矢量，导致两个不同的诱导自旋，指向相反的方向。

所以在这些实验中，量子力学所遇到的逻辑困难，都是由于实验测量了一个不会在实验中改变的性质的假设。这有些讽刺，因为量子力学的创新之一，就不确定性关系而言，竟然是测量可以改变测量系统这一见解。

玻尔与爱因斯坦之争

　　爱因斯坦曾在 1935 年的时候说，设想你有一个包含两个电子的原子，例如氦原子，那么我们可以用一个双电子波函数来描述这两个电子，这个双电子波函数遵循薛定谔方程。

　　然后，爱因斯坦进一步说，假设这两个电子以非常高的速度，沿相反的方向从原子中被发射出去，在飞行过程中，它们仍然保留着相同的波函数。它们的波函数告诉我们，有一个电子是自旋向上的，另一个电子是自旋向下的。但是由于这两个电子具有共同的波函数，因此我们不知道哪个电子自旋向上，哪个电子自旋向下。为了得到答案，我们将磁铁分别放置在电子的路径上，一个与原子距离相等的位置，类似于上一章中讨论过的测量它们磁偶极矩的方式。

　　这里有磁铁 A，沿着右侧路径放置在距离发射电子的氦原子非常远的地方，还有磁铁 B，沿左侧路径同样置在距离很远的地方。如果磁铁 A 测量电子的自旋时，观察到电子向上偏转，观测到这个结果的物理学家就会说，这证明到达 A 处的电子的自旋态是自旋向上的。但问题来了：因为两个电子的总自旋是零，那么在磁铁 B 处测得的电子自旋必须是自旋向下。

依照这样的逻辑，就会有一个有意思的现象：如果他不测量，那么他的同事在 B 处测量可能得到两种结果，既可以自旋向上，也可以自旋向下。但如果他测量的话，那么他的同事只能测得与 A 处相反的自旋。所以很明显，磁铁 A 处的测量确实改变了磁铁 B 处的测量结果。

然而，由于两个电子具有相同的速度，因此这两个测量接近同步。所以实际上没有时间让 A 的任何信息在可能的时间间隔内到达 B。因此，爱因斯坦说：这证明了要么是量子力学违反了光速最快的原则，要么是还有不包含在波函数中的额外信息，使得两个测量相关。

我们今天知道，在类似的过程中确实存在额外信息，它使得两个测量相关。然而，在同年（1935 年），玻尔给出了一个本身就很有趣的答案。因为自那以后，每当想要结束关于量子力学意义的讨论时，每一位理论家都会重复玻尔的答案。

玻尔回复了爱因斯坦的观点：

并不会影响到量子力学的可靠性，因为量子力学基于相干的数学形式，自动涵盖了上述测量中所有可能的过程。

当然，所谓真实，必须建立在对实验和测量直接反映的基础上。

从本质上讲，这是数学创论者的论调，因为它在数学语境中是有意义的，也有数学上的含义，它创造了自己的真实，然而这就是所有的真实。玻尔在他构造的第一句话中，给出了"相干"和"自动"这两个词，它们意味着，当然这远无法证明，量子力学的数学形式是完备的，因此它涵盖了真实的各个方面，这是不可避免的。所以，可能，没有其他的数学形式能更好地涵盖真实的各个方面。

为了理解这些说法的不客观性，让我们假设这些陈述不是物理学家关于某种数学结构的陈述，而是一位小说家对他撰写的书的陈述，他认为这是一个关于这个世界的连贯的故事，它自动涵盖了人类在未来所有的可能性。

人们会把这种观点当真吗？而且，玻尔更进了一步。

他认为，既然是这种情况，人们倒不如抛弃诸如因果关系这样的古老概念：

的确，物体和测量媒介之间有限的相互作用是受量子行为的存在的制约，因为控制物体对测量仪器的反应是不可能的。最终，我们必须放弃因果关系这一经典思想，并彻底修正我们对真实物理问题的态度。

玻尔说，因为海森伯已经发展出了他的矩阵力学，因为不能同时精确描述物体的位置和动量，因此因果关系是不存在的，从而导致物理实在不存在。这里注意到因果关系，它是科学的基本准则，已经成为一种经典思想，当然，经典意味着，就像是被量子力学所取代的经典力学。最后，请注意，玻尔在这段话中含糊其辞，他把实验描述中对精度的限制（这在 1935 年似乎是存在的）与"物理效应是由物理因素导致的"混为一谈。而后者，是两千多年来所有科学的基本准则。让我们把它放到实际情况中。

我们的社会能正常运行，是因为人们相信因果关系。一个犯罪行为是由某个人实施的，而警察的主要任务就是，找出这件事是如何发生的。因果关系也是我们法律的基石，我们认为在一定范围内，人们应该对自己的行为负责，因为后果是他造成的。这种方法也是科学的本质，当保险代理人确定事故或火灾的原因时，当国家技术部门想要弄清楚汽车排放量为何超标，或者为什么不应该出事的飞机却发生了坠毁，都会采用这样的方法。

简而言之，因果关系无处不在。

爱因斯坦曾非常合理地指出，波函数存在一个概念上的缺陷，就是无法将实际的测量和它在现实中的作用相关联，而玻尔对此的回答是，说得有道理，那我们抛开现实吧。

现在，对于一个不是物理学家的读者来说，他可能会认为在现实最终被抛弃之前，人们一定发现了更多的理由，进行了更深刻的讨论。但事实上并没有。玻尔在物理学界中获得了胜利，在接下来的 30 年里，任何对量子力学的批评都受到被驱逐出物理学界的威胁。这不仅仅是一个虚张声势的威胁，在  20 世纪 50 年代到 60 年代期间，物理学界的确这样做了，我们在下一章中将会看到。

从一个更普遍的角度来看，未来的社会心理学家将把 20 世纪的理论物理学视为一种科学的意识形态，而不是科学，这是完全可以想象的。

斯蒂文·平克（Steven Pinker）在他的《人性中的善良天使》（*The Better Angels of Our Nature*）一书中展示了意识形态如何在实践中发挥作用，意识形态的两种要素在这本书中也非常明显。多数无知，即认同某个观点是因为人们认为同行都认同它，在"闭嘴，去算！（Shut up and calculate!）"这句话中得到了充分的体现。完整的这句话出现在 1989 年 4 月大卫·默尔曼（David Merman）在《当代物理》（*Physics Today*）中发表的文章，文中写道："如果我必须要用一句话来总结我对哥本哈根诠释的理解，那就是'闭嘴，去算！'"

第二个要素是强制执行，即对偏离正统观点的制裁。

同样的制裁也存在于对理论研究的经费决策中，或者是大学和研究机构理论物理学人事任命的决定中。在某种程度上，这指出了当前科学研究经费模式的缺陷。研究机构通常依赖于政府来资助他们的研究计划，而政府决策者要根据科学家的意见来决定给哪个领域拨付经费。在这样一个体系中，很容易导致一个以强大派系的特定兴趣为主导的研究计划，他们的兴趣通常与当下的热门方向一致。而热门则意味着，有一个完整的套路，这些研究计划的结果会更容易发表在权威的、影响因子高的期刊上。这使得我们几乎不可能明确地去尝试并开发物理学中的替代框架。然而，另一个框架在过去的 50 年里实际上一直在发展，只不过它是在化学领域发展的，而不是在物理领域。我们会在第二和第三部分更多讨论关于这个框架的内容。

爱因斯坦所提出的实验从未被实施过。

其中一个原因是，测量一群孤立电子的自旋是十分困难的，因为它们之间电荷的相互作用远强于它们磁矩的相互作用。通常情况下，除了最强磁体外，其他物体的磁性都无法在正常温度下被观察到，这意味着它们之间相互作用的能量远低于正常环境下的热能水平。

然而，从 20 世纪 80 年代早期开始，研究人员实施了一系列类似的光子实验，最早可以追溯到北爱尔兰物理学家约翰·贝尔（John Bell），他发现了一些奇怪的现象。

贝尔在 1964 年开始研究，是否有一个更可控的实验可以澄清这个问题，即爱因斯坦是否正确，以及量子力学的数学形式是否不完备。他明白，问题的关键在于从源点发出的两个单独电子或光子是否可以看成是彼此独立的。如果它们可以被看成是独立的，那么他知道，有些必须存在的信息实际上是由它们携带的，而且在测量的时刻会被揭示出来。鉴于没有人知道这将会是什么样的信息，因为根据定义它不包含在量子力学的框架中，因此他必须找到一个仅基于可验证参量的模型。

　　贝尔首先揭露了另一位物理学家、数学家、计算机科学家，匈牙利人约翰·冯·诺伊曼（John von Neumann）工作中的问题。冯·诺伊曼曾在 1932 年宣称，没有人能想到一个比量子力学更完美的理论，我只是稍微解释一下。他特别指出，不存在任何理论能够解释清楚原子内部究竟发生了什么。他对此的证明是量子力学伟大的杰作之一，这使得人们在长达 20 年的时间里停滞不前。

　　巧合的是，就在 1931 年，奥地利数学家库尔特·格德尔（Kurt Gödel）提出了一个数学证明，这个数学证明直到今天仍然有效，即没有数学系统的规则可以决定所有在这个系统中提出的命题的真假。冯·诺伊曼显然没有看过格德尔的证明。冯·诺伊曼的证明冗长且复杂，其中的要点是，一些数学对象确实产生了相同的结果，不管它们是先求和再积分，还是先积分再求和。

　　贝尔并不同意这一点。他说这只适用于所有可能的数学对象中的一小部分，因此是不必要的限制。问题中的数学对象与自旋的测量有关。他抛弃了冯·诺伊曼的观点，开始发展他自己的准则，即我们如何区分量子力学和经典测量。

　　贝尔试图解决的问题是，量子力学为这些测量提供了正确的数值结果，即使没有物理学家知道原因。

从逻辑的角度来看，这是一个有点困难的情况，因为这实际上意味着物理学家们通过计算，就可以得到正确的数字，即使他们不知道为什么会这样。这与凝聚态理论的博士生要学习的第一件事有关。如果他的理论计算代码反馈给他一个数值结果，那么他必须要知道，为什么会得到这个结果，这个结果是否有意义，以及它对观测的系统意味着什么。

量子力学在一些最重要的结果中并没有这种见解，尤其是涉及自旋的测量时。是否可以说，这就是在盲目地工作。

当时物理学家并不认为因果关系、空间、时间的丧失，是一个真正的问题。因为海森伯和玻尔曾表示，原则上没有理论可以提供这些，这正是使量子力学不同于经典物理学的地方。所有人似乎都同意这个观点，当然，除了爱因斯坦、薛定谔、普朗克、德布罗意。

物理学家们往往是好辩的，但仅仅局限于一个狭隘的领域。但仍有一些琐碎的疑问，他们应该知道这究竟是在原则上是不可能的，还是只是他们在工作上做得不够好。对于他们的问题，贝尔给出了明确的答案：他打算证明这在原则上是不可能的。他是怎么做的呢？

他从爱因斯坦提出的假设开始：两个电子或光子的波函数不能预测在磁体 A 处一个电子的测量结果。但是他说，正如爱因斯坦所说，一旦我知道了 A 处的测量结果，就可以预测 B 处的结果。如果我在 A 处测得 a，B 处测得 b，那么我实际上可以定义同时测量两个的概率，他说，对量子力学的信徒和怀疑者来说，有一点区别。

怀疑者会说量子力学中的 a 或 b 并不能完整地描述故事。还需要另一个因素，他称之为 λ，加上它就能涵盖整个故事了。但是贝尔计算后发现，他用量子力学计算得到的结果和考虑 λ 的作用之后得到的结果是不一样的。根据这一结果，他不认为有任何补救方法可以让量子力学变得不那么奇怪，而他的计算结果在 20 年后被实验验证。

物理学家们松了一口气：他们似乎已经很好地完成了他们的工作。

现在有趣的一点是：贝尔已经展示了，在他之后他的许多同行也展示了，量子力学会给出特定的结果。贝尔也证明了，他认为是基于合理假设的统计计算，得到了不同的结果，因此他得出了一组不等式。

然而，他并没有问自己，为什么这两个结果是不同的，量子形式中的哪个元素确实把这两个事件联系起来了：这是一个很明显的问题，并且它将会解开大约 50 年前的谜团。它会证明爱因斯坦是正确的，量子力学确实没有考虑物理系统的部分信息，但这些信息却被包含在了计算中：这就是光子电磁场的相位。相位，描述波动周期中的位置，本质上是在空间中某一点电磁场相对于一个完整周期的位置。

有人可能会说这很讽刺：爱因斯坦本人发明了光子，抛弃了用一个场来描述光的方法。而在这里，光子通过使人们忘记场的特性进行了报复，然而毫无疑问的是，光的确具有场的特性。

人们又要花 50 年的时间才能意识到，这两个测量实际上是如何联系在一起的，并想出了一个模型来解开这个谜团，并且最终确定，在这场争论中，爱因斯坦占了上风。

略微夸张地说，在过去的 50 年里，人们关于这个问题所发表的文章，比物理学其他所有领域加在一起的文章可能都要多。另外，看看有多少物理学家在这个过程中做了傻事。

非局域性被认为是准宗教式的狂热，几乎在关于这个问题的每一篇文章中都提到了，自然界的局域实在性模型是如何一次又一次地被实验否定。在这种情况下，局域实在性指的是，那些能够解释实验结果是如何测得的模型。可以说，用法国哲学家、物理学家、数学家勒内·笛卡儿（René Descartes）的话来说，就是"我思，故我在"。

戴维·玻姆的起义

戴维·玻姆（David Bohm）拥有长期的职业生涯和杰出的工作业绩，有许多有影响力的学生，在他的科研初期有大量的研究经费来支持他前导师的工作。这样看来，戴维·玻姆几乎做对了职业生涯的所有事情。戴维·玻姆是一位美国物理学家，1917 年生于美国，父亲是匈牙利人，母亲是立陶宛人。他在宾夕法尼亚州长大，就读于宾夕法尼亚州立大学，并在加州大学伯克利分校罗伯特·奥本海默（Robert Oppenheimer）的研究组获得博士学位。罗伯特·奥本海默是"曼哈顿计划"的学术带头人，该项目在 1945 年成功进行了世界上第一次核爆炸。

有趣的是，玻姆在博士期间所做的计算被立即认定为对这个项目有用，以至于连他自己都不被允许访问自己的论文。在对他的评价上，他是公开的共产主义者。作为普林斯顿大学的助理教授，他遇到了导师阿尔伯特·爱因斯坦。

玻姆认识到，正如爱因斯坦在他之前认识到的，量子力学中的波函数是问题的一部分，而不是解决方案。在正统的解释中，电子只有在测量中才会显示它们的物理特性，如位置和动量。这对海森伯和玻尔来说没有什么问题，但是对于其他人来说这是个问题，因为它使得物理学变得不连贯。

如果我此刻在这一点测量一个电子，然后一秒钟之内在另一点再做测量，那么可以假定在这段时间内电子将从这一点到达那一点。假设电子在这条路径上没有任何受力，那么这条路径将是一条直线。根据哥本哈根诠释，这是一个严格禁止的想法！现在玻姆表明，人们可以改写薛定谔方程，将薛定谔方程的微分看作势的一部分，使得人们在任何时候都可以完全精确地描述电子的位置和动量。只有一个小问题，电子需要被看作一个点。

哥本哈根学派接受薛定谔方程的部分原因是，海森伯矩阵力学和薛定谔波动方程将导致相同的数值结果。然而，海森伯关于构型空间中电子的观点是一个模糊区域，由不确定性关系描述。玻姆所做的实际上是，他把模糊区域再次缩小到了一个点，就像经典图像中那样。

哥本哈根学派认为，这不可能是对的。另外，不确定性关系在逻辑上与矩阵力学所有内容相关；如果它们被推翻了，矩阵力学就毫无意义了。但这并不是玻姆做的，因为他的新诠释将展示出与遵从薛定谔方程的经典图像相同的结果。

然而，玻姆在他的诠释中，为这幅图像增加了一部分，这部分在以前从未出现过：他增加了一种具有奇特性质的新的势。

从逻辑上说，电子在构型空间中塌缩为一点意味着，这个点与波函数之间需要有一个关联，因为波函数覆盖了所考虑的整个区域。这个关联是一种势，在玻姆的重新表述中已经明确表达出来了。这不是一个真正的势，而是波函数非因果性本质的一种表述。路易斯·德布罗意（Louis de Broglie）也有同样的想法，他认为波函数作为一种物理的波，会引导电子。对于一个不属于现实世界的波来说，这当然是难以做到的。

这种新的势被称为量子势，因为它没有物理学中势的常见属性。

在物理学中，我们所知道的每一种势，无论是由电磁场还是引力产生的，都有两个不同的特性：它随着与源点的距离减小而减小，而且是局域的，意味着只有在时间足够的情况下，它才能改变电子的运动。例如，它不能此刻在这一点产生，然后立即影响到另一点电子的运动。但这恰恰是玻姆的量子势所做的。玻姆的量子势是非局域的，并且它们在电子的每一条运动轨迹上都会导致纠缠，通常来说，这与我们所知道的任何经典运动轨迹都不同。例如，在模拟电子穿过一个叫作干涉仪的装置的两个狭缝时，就发现了这种运动轨迹。

当玻姆发表他题为"量子理论隐变量诠释倡议"的论文时，这样的模拟还没有完成，所以这些事实还没有被知道。玻姆似乎没有受到攻击，他的量子势也许不是解决波函数逻辑困境的最佳方案，但是他提出了一个新的诠释，挑战了哥本哈根诠释的正统观点。

报复的到来是迅速而果断的。

在一次会议上，有六位杰出的量子理论家一起谴责玻姆的新诠释是异端学说。泡利批评这个诠释是出于数学的原因：它破坏了位置和动量的对称性，而对称性在矩阵力学中是如此珍贵；另外，他使用了传统意义上的波函数。这样的指责有点虚伪，因为玻姆已经发给他一份文章的初稿进行审阅，并且已经根据收到的审稿意见修改为最终版本。

然而，泡利提出了一个观点，直到今天仍有意义。玻姆的新诠释虽然在逻辑上与量子力学一致，但并没有增加任何新的实质，同样也没有做出新的预测。

这个观点是有道理的，但也是强人所难的：如果一个人期望一个新的理论既可以避免旧理论的逻辑问题，又在逻辑上是等价的，那么它就不能做出任何旧理论所没有的新表述。"我看不到这种因果诠释除了量子理论的概念之外，有给我们任何新的信息。每当一个量子理论的概念出现时，你都可以说，是的，它在这个因果诠释中会做同样的事情。但是我希望看到的是，当你预测某件事时，我们会说，是的，量子理论也可以做到。"美国物理学家伊西多·拉比总结了传统主义者的普遍观点。

量子力学在这个时候的逻辑问题被看作是解释问题，而不是实质问题。理论物理学家在这方面与中世纪学者的角色类似：他们有一个神圣不可侵犯的数学理论体系，只允许被用来解释。

一个新的理论可以在某种程度上包含所有现有的理论框架的期望，今天仍然存在。这种期望同样在玻姆的论文题目中表现出来，当他谈到"隐变量"时：这些物理性质，例如电子和光子的物理性质，它们没有被量子力学的形式所涵盖。

玻姆对拉比的回应是，他纠正了一个与热物理学发展中非常相似的情况，玻尔兹曼曾假设原子是气体热学性质的载体，而当时没有人见过原子。然而，这种表述并不十分准确：玻尔兹曼仅仅把牛顿的力学定律应用于大量的原子或分子，而玻姆发明了一种未知的新的势，并且有一些非常奇怪的性质。更有问题的是，从逻辑的角度来看，这种势，就像波函数本身一样，是无法被测量的。

玻尔的助手莱昂·罗森菲尔德（Leon Rosenfeld）是玻姆最强烈的批评者之一。他和玻尔一样，是互补性原理的有力支持者。然而，互补性意味着不得不放弃因果关系。

利用一个曲解，哥本哈根学派几乎不加区别地使用因果关系和决定论。由于他们有不确定性关系，他们已经将其上升到不确定性定理的层面，他们声称因果关系实际上是决定论的，因此与实验中可以获得的精确度相冲突。今天，我们当然知道因果关系——科学的基本原理，与精确度、实验或其他方面没有任何关系。所以，罗森菲尔德继续说道，"决定论并没有逃脱这种命运，即成为进步的障碍；仍然坚持这个观点的物理学家，闭上了寻找互补性证据的眼睛，科学家理性的看法转变为了（不管他喜欢或不喜欢）一个形而上学者的看法"。

因此，除了哥本哈根诠释之外的所有解释都被视为形而上学，而不是物理学。如果量子学家知道什么对他们的职业生涯有好处的话，他们通常会推进物理学而不是形而上学。

罗森菲尔德的观点非常符合 20 世纪 70 年代有名的物理学家的观点。

正如马克斯·普朗克（Max Planck）所预言的，腐朽的哥本哈根学派将逐渐消亡。20 世纪 80 年代左右，玻姆的观点逐渐成为主流物理学的一部分。玻姆的诠释很大程度上得益于数值模拟的进步，因为现在可以对理论模型进行详细的测试。

他的理论并没有解决量子力学的主要问题，即量子力学与现实有着矛盾和冲突的关系，但是他做出了一个非常重要的贡献：它表明波函数需要被彻底地理解，在量子力学任何合理的后继理论中，波函数都需要成为物理现实的一部分。

他还展示了一些其他的东西，这也解释了为什么物理学的当权派对他的理论如此的愤怒：他表明量子力学本身是非局域的，而且是非因果性的。

如果一个人分析玻姆在 1952 年他的论文中到底在数学上做了些什么，就会发现他并没有从薛定谔波动力学的方程中增加或减少任何东西。

他推导出的方程，仅仅是作为标准量子力学基础的数学方程的不同表达式。然而，在标准方程中，没有量子势；在玻姆的方程中，有量子势。然后我们可以问，在标准方程和它的应用中，量子势的逻辑对应物是什么。

这里有趣的是，人们发现实际的物理量只有在积分后才能得到。这意味着，在考虑了波函数存在的整个空间之后，为了获得点状电子的物理性质，我们不仅要考虑空间的性质和某一时刻电子所处那一点的电势环境，还要考虑波函数存在的整个空间。这就是量子力学计算中的波粒二象性的实际含义。

而在玻姆的方程中，波函数将点状电子与波函数存在的整个空间联系在一起，它在量子势的框架下是可见的，而在标准方程中它仍然是不可见的，因为它产生于数学过程，一个关于波函数空间的积分。然而从逻辑上讲，基于薛定谔方程的波动力学方程与玻姆的方程一样是非局域的，也是非物理的。

现在很容易理解为什么正统理论学家对玻姆的工作感到如此不安：他首次揭示了，与空间和时间的因果论相比，量子力学的概念竟然不可思议的奇怪。一个非局域理论也必然是一个非因果论，因为原因只能存在于空间中的时间有序事件中，它们不可能存在于量子势。原因在于，在非局域环境下，所有事物与其他事物都瞬间关联，如果物理联系是，例如，一个具有有限传播速度的物理场，那当然是不可能的。在此基础上，我们可以早在 1952 年或 60 多年前就得出结论：量子力学是一个不够严谨的理论。因为在这里，一个在逻辑上等效于量子力学原始模型的理论模型，首次被证明它的数学方程是非因果性的。玻姆的隐变量理论，可以说是正统量子力学的不良意识。

戴维·玻姆的工作从未被当时的主流物理学家所接受。后来他移居英国，在 1992 年去世之前，他在伦敦大学担任物理学教授，是英国皇家学会的一员。

第二部分

今日物理

物理学不只是由原子研究组成，科学不只是由物理学组成，而生命也不只是由科学组成。原子研究的目的在于将我们的经验知识融入我们的其他思想中。所有其他思想，就所涉及的外部世界而言，主要是关于空间和时间。如果它不能适应时空，那么它就完全不能达到目的，也不知道它真正的目的是什么。

埃尔温·薛定谔（Erwin Schrödinger），1926

10

物理学家做什么？

　　我在纽卡斯尔大学当了几年的学院院长。当我大约在这工作了一年的时候，我儿子在一个星期天的早上问我：爸爸，你到底在做些什么？你在一个大学工作，但你却不教书，那你做什么？

　　我发现这是一个很好的问题，所以我告诉他：我大部分时间都在四处走走，或者坐在房间里与人交谈，听别人说话。当我不这样做的时候，我可能会走路、坐着、站着或者思考事情。当我没有在讲话、倾听或思考时，我可能会读或写一些东西。剩下的时间，我花在了回家或者从家里去我办公室的路上，或者我可能会去到一些地方与人会面。

　　那么，物理学家呢？

　　他们通常会花一些时间来教学，准备讲座或课程，并为学生的考试评分。其余的时间，不是花在管理上，就是花在科学研究上。在自然科学中，有一种趋势是将科学家描绘成戴着眼镜的实验室研究员，健康和安全的，穿着白大褂。实际上，理论物理学家可以一边躺在沙发上或在公园里慢跑、听演讲、盯着他的电脑、在笔记本上乱涂乱画、抑或和另一个人聊天，一边做着科研。公众没有注意到，作为一名科学家每天所做的工作相当广泛。

其中一个原因是，他们大部分的工作都是创造性的，而创造性主要发生在头部大脑里或在谈话中。

多年来，我学习了两个关于创造力的技巧。我在写剧本的时候学到了第一个技巧，我相信大多数作家都知道这一点。就是意识到，写出好场景和好剧本的关键不是选择合适的话语，而是选择合适的角度来看待问题。这与叙事的内在一致性有关。如果不一致，故事中就会出现裂缝和分歧，人们是很容易察觉到它们的。选择一个正确的角度，对白或多或少自己就出现了。如果选择了一个错误的角度，对白听起来就会沉闷，毫无生气。在这种情况下，你需要一个非常好的演员来把场景带回到生活中。

人们可以在科学上使用同样的技巧：如果你从一个新的角度来看待一个科学问题，它可能会给你带来一个全新而有趣的解决方案。你也可以用这个技巧来解放你的思想。例如，在一次学术会议上，你看到的可能不是一位杰出的科学家在与观众分享他的学识，而是一个自大的傻瓜在胡说八道。彻底解放！

你正在阅读的书来源于一个类似的过程。

我从未想过要写一本关于量子力学的科普书，因为我还在努力去理解它的逻辑结构。你会发现，没有真正理解所写的内容是现代物理学所有畅销书的通病。通常，这被认为是在原子尺度上自然界本身的问题，正如第一部分中详细阐述的那样。

在我读过的书中，作者有努力去理解现代物理学中存在的问题的只有两本，一本是李·斯莫林（Lee Smolin）的《物理学的困惑》（*The Trouble with Physics*），一本是吉姆·巴戈特（Jim Baggott）的《告别现实》（*Farewell to Reality*）。斯莫林在他的书中甚至指出，我们正处于物理学的科学革命中。然而，他们都未能弄清问题的症结所在，主要是因为他们的意识形态仍然是：量子力学的创始人是"超人"，是不可能犯错的。因此，在弦论中，斯莫林把问题归结为维度过多和实验的缺乏，但在此之前并没有发现任何问题，例如在粒子物理学标准模型的公式中。巴戈特认为，主要问题在这些试图解决悖论的大量猜测中，特别是与量子力学测量问题相关的猜测，然后这些猜测被当成科学事实出现在了流行的电视节目中。同样，他也没有意识到，这些猜测可能实际上指出了原始理论本身的一个更深层的问题。

美国物理学家理查德·费曼（Richard Feynman）曾经说过（很难确定他到底什么时候这样说过）：我想我可以有把握地说，没有人理解量子力学。

当然，他是对的，不仅在 20 世纪的时候这样说是对的，甚至在今天他也是对的。人类是相当复杂的动物，要在一两代人的时间里扔掉数百万年形成的生存技能并不容易。这些生存技能要基于对几何和空间非常好的了解，以及将头脑中的零散信息与一系列相关事件联系起来的能力。

但是头脑中的这种联系，只会在一个空间（事情发生的地点）和时间（事情发生的时刻）相关的框架下起作用。它在抽象的数学空间中并不起作用，如果没有明确的事件发生时间，则更加无法产生作用。在量子力学中这两个问题都存在：在抽象的数学空间里，不可能确定物体的位置和时间，也不可能正确排列在抽象数学空间中发生事件的顺序。

所以这就变得完全不清楚了。例如，一个自旋必须乘以一个泡利矩阵来变成一个矢量。这是产生磁偶极矩的关键。但是，当物理学家想到这一点：施特恩—格拉赫实验中银原子离开熔炉的时间，是在它刚到达非零磁场的那一刻，还是在该磁场处于峰值的时候，这是数学形式没有给出的，因为在计算中唯一的磁场矢量就是最大强度的磁场矢量，或者是沿其运动轨迹上的其他任何点。

这种在量子力学中无法给事件定位和排序的情形，多年来已经成为一个难以解决的问题。它通常被认为是测量问题的一部分，经常被归结为在观察者和观察对象之间找到精确边界的问题。在上面的例子中，所有这些可能性都是由一位或另一位科学家所倡导的。

由于物理学科普书籍的作者本身并不理解它，事实上也无法理解，因为他们无法在头脑中创建因果链，因此现代物理学中常常会出现类似于科幻小说或爱丽丝漫游仙境的情形。虽然这或许可以解释流行文化中物理指令的魅力，但它会造成严重的智力困扰。我认为它损害了物理学家的思考能力和清晰表达的能力。另一个后果是，现代物理学的某些畅销书，包含了一些逻辑矛盾、梦幻般的主张和不合情理的隐喻。书中通常会包含一个他们的主人公在与自然界谬论达成一致的过程中英勇斗争的故事。这往往是由于主流物理学家认可他们的同行们的经历并认为展现这场斗争可能会让他们得到读者的认可。

然而就我个人而言，我觉得很难去同情这样一个思维有些不清的科学家，他在科学生涯中选择了一条捷径，并且用同样难以置信的言论来教导另一代科学家，再次造成了智力上的伤害。

所以我才开始写这本书，当完成初稿时，我才真正理解了量子力学中真正的问题和矛盾。这种理解是认识到量子力学是一个非因果性的，基于数学至上论的结果。一旦我明白了这一点，这本书或多或少就写出来了。

第二个技巧需要很大的耐心。大多数科学问题是可以解决的，但前提是要从正确的角度出发。如果这个角度是一个新的角度，你就不能从教科书或已发表的文章或者会议演讲中找到它。找到这个新角度的唯一办法就是把这个问题放在脑海中。你可能需要放很长的时间，十年或二十年并不罕见。在这种情况下发生的事情是，当你干别的事情时，你的大脑也在悄悄地思考这个问题。这个问题会时不时地出现在你的思维里，然后它会逐渐获得新的认识，新的有趣的角度和新的脉络。

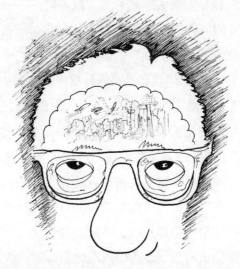

我想说创建新的脉络可能是解决问题的最重要的方面。有时这被称为横向思维，但这不仅仅是思考：需要在大脑中创建问题的横向联系。有一天，这个问题的解决方案会像变魔术一样突然出现在你的脑海里。然后，这个理论模型或多或少就写出来了。

物理学家（或是说科学家）的生活比大多数人想象的更加多样化的第二个原因是，物理学和其他科学一样，有越来越多的有组织的大型国际合作。就像你想象的经济体制一样。不是每个国家都擅长制造所有东西，一部分是由于历史原因，一部分是由于地理原因，一部分是出于资源可利用的情况，大多数成功的国家都有一个体现其优势的经济体制。大学和研究机构也是如此，其中一些擅长制作东西，有些擅长测量东西，有些则擅长计算东西。所有这些过程都需要对物理学有真正的理解，但不是每个人都擅长一切。

作为一个物理学家（科学家）与其他职业不同的第三个原因是，它需要大量的训练才能真正精通一门科学。人们可能认为博士学位是训练的终点，但对于科学家来说，这仅仅是尝试去发现的开始，在某一门科学中发生了什么，以及如何去理解它。这就导致了一个有趣的结果：那些在一个非常专业的领域里工作超过30年的老科学家，通常会根据自己的经验来了解新来者的想法。如果他们不是非常细心（虽然杰出的科学家往往不会这样），那么他们就会错误地将真正的新方法融入他们个人经验的一部分去考虑，并把它们当成解决科学问题的失败尝试。

科学知识以巨大的速度累积（至少这是从每年发表文章的数量中得到的印象），带来了额外的复杂性，这对任何专业领域的新人来说都是令人畏惧的。这意味着科学家们也需要导师，告诉他们在一个新领域中该如何组织他们的方法，什么可能是重要的以及为什么，还有谁是值得关注的人。好的物理学导师都是这么做的，他们让一个研究小组在一个长期的科学生涯中稳步向前。你可以通过他实验室的人来了解一个导师的好坏。最好的那些导师能培养出比他们更优秀的科学家。总之，这很复杂。

如果你想知道某一科研机构是否成功，你可以统计每年发表的科学论文的数量，根据这个数字（可能达到成千上万），你可以得出它确实是非常成功的。这种方法有两个问题。

第一个问题是，既得利益集团每年都在推动文章数量的增加。例如，一名博士生需要一定数量的文章才能获得学位。他的导师也必须每年发表一定数量的文章，以保持他的科研资历。具体数量不尽相同。在一些学科中，科学家每隔几年就会出版一本书，其他学科的科学家可能每年发表20篇文章。对于大学来说，当他们学校的科学家将要被放到国际上进行比较时，这是一个相当大的挑战。就像今天一样，这些文章通常是招聘或提拔学术科学家的主要标准。这时期刊就必须在发表的文章数量之间找到一个平衡，因为期刊的收入和商业可行性依赖于它，而文章的质量又会影响期刊的影响力。期刊的影响因子是当今期刊最重要的质量指标之一，它是一个期刊发表文章的被引用总次数除以发表文章数量的比率。毋庸置疑，影响因子可以通过多种方式进行操纵。

第二个问题是，发表的文章中有 50% 从未被引用过。因此文章数量本身并不代表一个学科或机构是否成功。

所有这些没有人阅读的文章，以及所有这些很快被遗忘的科研内容，会发生什么呢？有人会说，在科学研究领域，没有什么会被完全遗忘。有一个关于一篇文章的有趣例子，这篇文章获得了第二次生命。这篇文章原文发表于 20 世纪 20 年代，它处理了一个非常平淡无奇的数学问题。如果我需要将一个周期性固体中的能量积分，我该如何在动量空间中选点使得积分尽可能准确？

在周期性固体中，材料是由无限重复的原子单元构成的，这就要求动量空间也是由无限重复的单元构成的。一个这样的单元被称为布里渊区，以法国物理学家莱昂·布里渊（Léon Brillouin）的名字命名。事实上，有一种方法，这种方法在 20 世纪 20 年代被发现并发表，直到 20 世纪 70 年代都处于被人遗忘的状态。1976 年，美国物理学家亨德里克·蒙克霍斯特（Hendrik Monkhorst）和詹姆斯·帕克（James Pack）重新发现了这个方法，并发表了一篇关于它的文章。这篇文章描述了密度理论中用于固体模拟的一种基本方法，现在已经被引用超过 20 000 次。目前，它每年被引用约 2600 次，因为每一个使用密度理论现代代码的理论物理学家，都会使用这种方法来确定固体的能量。这篇文章占了蒙克霍斯特所有文章引用的 95%，这也是他在 1976 年写的唯一一篇文章。

这是一个"在科学研究中没有什么会完全被遗忘"的经典例子。不少物理学家都有阅读杰出科学家的老文章的习惯，希望可以挖掘到适合恢复活力的想法。

正如人们所预料的那样，并没有很多科学家的文章能列入最高引用文献的前 100 条。 2014 年 Nature 杂志发表的名单就说明了这点。密度理论中被引用次数最多的文章之一来自于约翰·佩卓（John Perdew）研究组，他在 20 世纪 80 年代专门研究固体中相互作用势的精确表达。佩卓可能是过去 30 年里引用篇数最多的物理学家。现在每一个关于密度理论的计算代码——肯定有数百个，都使用他的相互作用势，所以他 1996 年出现的这篇文章被引用超过 35 000 次。而沃尔特·科恩在 1964 年发表的密度理论的原始论文，仅被引用了 22 000 次。如果要进入 2014 年的前 100 名，引用次数必须超过 12 000 次。

这里有一个有趣的经验。引用最多的文章通常描述了一种可以更有效地进行研究的新方法。所以最受关注的不再是个人的发现，而是对大量其他研究人员最有用的方法。这也表明，正如其他指标一样，当今的科学是如何相互联系的。我们都以类似的方式工作，我们分享工具和见解，并在同行的进步基础上迅速发展。

从这个名单中可以看到的另一个事实是，包括所有科学在内的被引用最多的 100 篇文章都是来自物理、化学和生物的交叉领域。其中有 12 篇文章是关于密度理论的（引自 Nature，514：550，2014）。再加上在各大高性能计算中心进行的模拟数量，这表明密度理论已经在理论物理学中获得了大量人的认可。蒙克霍斯特和帕克的文章就是其中之一。在 Nature 杂志的名单中，这些文章被归类为物理化学，尽管大多数作者可能会说他们是物理学家。这份清单并没有包含哪怕一篇关于量子力学、核物理、粒子物理或宇宙学的文章。关于这一点，我想让读者自己得出结论。

为彼得·希格斯（Peter Higgs）赢得诺贝尔奖的文章，发表在科恩的文章之前，但这篇文章的引用数少于 2000 次，而且少得多。

文章本身并不是一门学科成功的标志。在国际大学学科排名中，某所大学某学科的地位通常是几个不同因素的组合：文章的数量、引用的数量、研究的外部经费、研究生的数量和质量、毕业生的就业率等。虽然这可以准确地给出一门学科中某所大学所处的位置，但它并不能描述某一学科或其各个研究和培训领域的成败。然而，从两个角度来看待科学学科是可能的，这两个角度描述了它对社会的价值。

在我看来，这两个角度，分别是一门学科的毕业生找到可以支撑他的职业的机会，和一门学科通过其研究对社会和经济产生影响的程度。我们将在下一章中讨论第二个。让我在这里先比较一下在经过物理学的学习和培训之后与其他学科相比，对今后工作生活的影响有什么不同。

英国大学排行榜之一是《完整大学指南》(*Complete University Guide*)，它列出了127所英国大学。这是一个相当混杂的榜单，一端是最古老和最负盛名的大学，另一端的大学最初是理工学院，更名为大学后，并没有什么显著的变化。

它们在毕业前景方面表现出很大的区别：在最好的大学里，这个指标接近90%，最差的只有45%左右。显然，教育在获得一份体面工作的机会中发挥着作用。不过，还有另一个信息。从就业的角度来看，英国最好的大学是帝国理工学院，其次是剑桥大学。帝国理工学院只开设了医学、科学、工程和经济方面的专业，这可能是其在这方面表现出色的部分原因。分析每个学科的毕业前景，总的趋势是，学习工程技术类和建筑或医学这类特殊专业的前景是最好的，而学习非这类专业的，如英语或历史，则排名靠近中间。

人们可以得出这样的结论：如果需要支付昂贵的学费，最好不要学英语或历史。从这个角度来看，最好是学习牙科，它的毕业前景是无法被超越的，其指标在90%以上。但是，可能会有一个小问题，如果有的人不想整天盯着别人的嘴。这项调查另一个有趣的结果是，核心科学学科物理、化学和数学都显示出非常好的毕业前景，略低于工程专业的毕业生，但远远高于大多数人文学科，约为80%。

还有一个研究自然科学的理由。虽然大多数课程将集中在某一特定学科的要求上，但自然科学通常在数学、物理和化学的基本方法上具有非常广泛的基础。它们教授的是一门学科，但是在需要的情况下，也是一种自我学习其他学科专业知识的方法。由于这种多功能性，物理学家和化学家出现在许多不同的行业中。所以一般来说，在这些学科中接受培训是一项相当不错的投资。现代社会越来越依赖于人才的培养，如果没有人知道它如何在最根本和最基础的层面上发挥作用，我们将无法知道怎样使它正常运作。

11

科学的影响

仅凭科学文献很难确定，一门特定的学科对一个国家或社会的重要性是什么。然而，全世界普遍认为，一个国家拥有健全的科学基础是一件好事。这就是大多数政府花费相当大一部分预算建设与完善前沿学科的原因。对于不同的国家来说，这个能够支持的学科的数目差别很大。有一些迹象表明，大量的投入可以显著提高一个国家的科学水平。在欧洲，最好的例子是瑞士，它人口很少，但拥有最好的物理科学研究。

当然，这就立刻引发了谁能得到多少公共科学投资的问题。在英国，这已经成为历届政府的困扰，他们想要确保热门的学科能获得最大的支持。因此，政府会定期对每一所英国大学的每一个学科进行评估。这种情况每隔六到七年发生一次，是一项巨大的任务。

大多数大学要花费至少一年的时间来准备给政府小组的报告，然后政府小组会花一年时间来仔细检查报告中的所有文章和陈述，以得出最终结论。一个典型的大学像纽卡斯尔，每年通过这种途径获得的经费约为 2500 万英镑。这所大学的总收入约为 5 亿英镑，所以这似乎是一个相对较小的数额。然而，这个评估对大学声誉的影响很难量化，因为它将影响到世界上的每一个排行榜，这些排行榜决定了有多少国际学生想在一所大学学习。

目前，大部分英国大学的财务状况很大程度上取决于他们所招收国际学生的数量，这就解释了大学高层管理人员对排行榜痴迷的原因。我的一些同事，他们不了解这种联系，所以认为这种痴迷是不健康的。

科学上的某种质量控制是一件好事，科学家们本身对此并没有争议。然而，这个程序如何完成，需要经过无休止的讨论。有迹象表明，科学研究，主要是由好奇心驱动，但对其生存实际上是至关重要的。近些年英国最好的一个例子很可能就是石墨烯的首次被发现，单层石墨烯诞生于安德烈·海姆（Andre Geim）的研究小组在一个星期五的下午用胶带撕扯石墨的实验。海姆通过悬浮青蛙获得 2000 年搞笑诺贝尔奖（IgNobel Prizes），又巧妙地运用胶带获得 2010 年真正的诺贝尔奖。

也有一些迹象表明，科学家在某一特定时间点的偏见决定了他们的一些研究成果，这些偏见有些是直接针对特定课题的，有些则是在研究方向上。那么我们如何确定一个特定领域物理学研究的价值呢？我建议我们使用近期的评估来集中讨论一些案例，在这些案例中，物理学家可以证明他们的领域确实已经改变了经济或社会环境。

在近期的一次评估中，2013 年，英国大学报告了 181 个案例，案例中显示他们的物理学研究已经导致了对社会或整个经济的影响。分析这些是如何发生的是非常有趣的。影响案例需要一个研究课题和研究成果，然后将研究成果传达给更广泛的公众或者转化为经济活动。在此期间，从 2008 年到 2013 年，英国研究人员获得了两项诺贝尔物理学奖，一项是在曼彻斯特关于石墨烯的研究（2010 年），另一项是在欧洲核子研究中心，确认了希格斯玻色子的存在（2013 年），这证明了彼得·希格斯的预言。

这两个研究领域产生了非常不同的影响。对于石墨烯研究，目前有数千项专利用以保护基于石墨烯的未来电子器件在各个方面的商业应用等权利，而对于希格斯玻色子，根本没有切实的成果。每个大学都阐述了他们影响案例研究的各个方面，通常只有在公开活动中才能向更广泛的观众展示这项研究。伦敦学院大学尤其擅长这个。他们有三个研究案例，关于希格斯玻色子、暗物质和太阳物理学，他们基本上是走到面前同人们交谈。另一个来自曼彻斯特大学的案例研究是布赖恩·考克斯（Brian Cox）的影响：这位流行歌手变成了物理学家，电视时间变成了物理时间，据估计，这使得英国物理学的学生人数增加了约 50%。

希格斯玻色子的影响被评为如此之低似乎是完全合理的。很难想象一些粒子会对我们的生活产生什么影响，这些粒子只能在一个长达 20 多千米，以巨大能量水平运行的机器上，经过 50 多年的搜寻才能发现。

然而，说高能物理没有影响是不正确的，只是它的影响并不在人们所期望和熟悉的地方。

利物浦大学的物理系和英国许多其他物理系一样，也是欧洲核子研究中心实验组的一部分。你可能会问，利物浦为实验做出了什么贡献？它主要是构建探测器。由于这些探测器必须在一个相当恶劣的环境中工作，因为它们会受到高能粒子持续不断的轰击，因此需要进行特别的硬化处理来对抗辐射，这使得它们也适合应用在军事中。然而，从根本上说，这其实不是高能物理，而是材料物理。

如果有人把物理学理论进行的研究案例统计一下，那么会发现大多数案例在学科归属上都没有被归于传统的物理学（例如原子物理、核物理、粒子物理和等离子体物理）。这些案例的 30 个学科归属中，属于化学研究（例如物理化学、材料化学、无机化学和计算化学）的数目最多。其中主要原因是所有高被引的密度理论文章都被归类为了化学研究。这表明物理学中的理论和方法已经成功地扩展到相关领域，也就是在当今能够使它产生更大影响的领域。

有趣的是，理论物理学在社会中产生影响的主要领域之一是化学。所有密度理论产生的影响也与化学相关，而不是物理学。可以毫不夸张地说，量子物理中最重要的影响就是化学。

从这个涵盖了发表文章、学生就业和科学影响的调查中，可以得出关于量子力学的什么结论？

结论可能是，对于量子力学中的各种难解之谜——它是一些人恼怒或挫败的源泉，在物理学中是存在解决方案的，但是从长远来看，它并不重要，因为量子力学似乎已经开始显现出丧失像它以前表现出来的重要性的端倪。对于从事量子力学基础问题研究的物理学家来说，这可能是个坏消息。

这与量子力学的基本方法有关，几乎每个组织或参加相关学术会议的人都默认了这一点。这种方法，或多或少，需要做的就是巧妙地运用数学来使它有意义。物理学家的科学贡献以这种方式存在——调和量子力学与现实的关系。未来的历史学家很可能会记录"又一个以太理论提出"，然后很快又被遗忘。

所以从获得一所体面大学学术位置的角度来看，以这个领域为专业，你也许可以做研究、参加会议、发表演讲、展示科学成果，甚至可以通过同行评审发表标新立异的论文。然而，总会遇到反对的意见。即使假设，或许是一个很大的建议，做一些已经通过物理学家审查且被接受的研究实际上是明智的，部分原因可能在于，我所遇见的从事量子力学基础研究的大多数物理学家，都有一个成功的职业生涯，而且通常都已经退休了。

我遇到的解决波函数问题最奇怪的尝试，是一次会议上的一个数学证明，即整个宇宙的波函数本身并不矛盾的科学证据。另外，在戴维·玻姆对薛定谔方程重新用公式表示的内容中，量子势与这样一种波函数相关，它将连接宇宙的所有角落。因此，这个波函数将是真正无所不在的。然而，正如你想象的那样，为了实现这个目标，仍然有一些需要克服的障碍。更多的关于波函数，以及为什么波函数会超过某个极限，是一个非常糟糕的想法，将在第三部分讨论。

另一个可以从发表文章和影响案例中得出的结论是，考虑到密度理论对物理学、化学和生物学中所有理论模型的重要性，从密度的角度来寻求量子力学的修正可能是明智的，从一个基本属性开始也是合理的，而且只是一个属性：电子密度。那么首先要证明它确实是一个物理性质，这将引导我们对表面物理学前沿实验进行分析；这也将扩展当前密度理论的框架，在传统的密度理论公式中不允许在单电子水平上研究波的物理性质。

在这个基础上，密度理论可以从某种程度上认为是由波的力学（wave mechanics）发展而来的。必须说明的是，如何从电子密度推导出所有的其他性质，尤其是原子和电子的磁性，这将导致自旋密度概念的修正，到目前为止还没有与矢量属性相关联。这个修正的概念，以及外部磁场下自旋密度的动力学，将解释盖拉赫和斯特恩在完全确定性模型下对单个原子磁性的测量。最终，必须确定，这样的一个模型能够消除当今存在的悖论。

在第三部分中，我们将会看到，过去20年里，我个人的研究项目看起来是怎样的。

可以说，大多数实践物理学家之所以坚持量子力学，只是因为他们没有看到另一种选择。你忍受着一个无法理解的理论，因为你不知道任何更好的理论。这也可以解释为什么我的许多同事会对不可能的事情深信不疑。如果选择要么是相信不可能的事情（或者忽略它），要么索性没有量化模型可用，那么大多数科学家会选择正统理论。所以提供另一种选择是至关重要的，这将在第三部分完成。在此之前，我们要仔细研究物理概念究竟是什么，为什么它们对于物理学的内部运作是重要的，以及什么构成了合理的概念。

12

物理概念

英国数学家，炼金术士艾萨克·牛顿（Isaac Newton）完全理解了物理概念的含义，他也明白这些概念是物理学作为一门科学，可以根据原因和结果来进行组织的原因。他的力学和万有引力理论只涉及三个概念：质量、运动和相互作用。

在牛顿时代，质量是一个抽象概念。没有人知道，质量到底是什么，因为人们能够看到的只是，由于地球引力场的作用而加速的一个物体。伽利略和牛顿的成就是，他们不仅看到了加速度，还提出了一个概念，这个概念涵盖了物体所包含的物质的量。

今天，我们知道质量，所有质量，都由原子体现。我们也知道，这些原子如何构成我们宇宙中的物质。在牛顿或伽利略时代，人们并不知道这一点，他们也搞不清楚，为什么有些物质更能感受到地球的引力，从而比其他物质加速得更快。

对牛顿来说，运动就是速度或者加速度。这两个概念在当时都是全新的物理概念。速度描述了位置随时间的变化，加速度是速度随时间的变化。有趣的是，所有的相互作用都表现为加速度。在这之前的物理学中，加速度是未知的，而速度是一个非常通俗的概念。牛顿给公众认知带来了两个主要延伸，它们定义了他的力学领域，这是关于空间中运动的普遍概念，它包含了每种可能形式的速度，也包括曲线和旋转的速度，同时认识到相互作用会导致加速度。这是他的三条力学定律的本质。

发展这些概念需要一个特殊的时刻和一个真正的天才，而牛顿的思想经受住了时间的考验，当然也就证明了这一观点。

根据牛顿的理论，相互作用是通过力来实现的。力通过质量和加速度表现出来，它是质量对外部环境的感应。力是一个非常巧妙的抽象概念。在空气中移动物体的阻力来自于被挤开的空气分子：这种力被称为空气阻力。另一种力，例如，在潜艇的外壳上，是由于某个特定深度的所有水的质量从表面向下推：船体单位面积受到的力被称为压强。还有一种类型的力，叫作应力，它是飞机机翼在气流中所感受到的。工程师们通常会计算飞机结构上所有可能受到的力，以确定机翼必要的材料性能。

与之相比，理解地球引力的关键，是加速度。

这意味着，每一个物体从一开始，在给定的质量下都会感受到相同的加速度。然而，不同质量的物体受到的空气阻力不一定相同，如果相同质量的物体受到不同的阻力就会导致不同的速度，这就是为什么这些事实会违反直觉的原因，即一千克铁与一千克羽毛的重力是相同的，即使这两个物体在地球大气中的加速和下落的状态会非常不同。

牛顿一旦通过定义质量、速度、加速度和力，弄清了概念领域，他就开始研究整个系统的数学问题。

有趣的是，尽管他发现了动量——速度乘以质量，和角动量——转动速度乘以质量，但他从未发现能量。能量可能是力学中最后也最持久的遗产。今天，我们用能量来表述物理上的一切。能量本身并不是一个像熵这样困难的概念。能量就是质量产生影响的能力，其英文 energy 是用希腊语中这个词的词根来表示的：在内部的功的量。

然而，德国哲学家和数学家戈特弗里德·威廉·莱布尼茨（Gottfried Wilhelm Leibnitz）提出，在一个机械系统中，速度的平方乘以质量可能是评估质量可以做什么的决定量。这与今天我们称之为的质量的动能极为相似，它基本上无处不在。顺便说一下，速度的平方，是造成这样一个事实的原因，即在车祸中车速翻倍，会造成大于双倍的损伤。

到了 18 世纪末和 19 世纪初，我们有了质量、运动和相互作用，以及作为主要物理概念的能量的概念。今天它们仍然在使用，主要是由于所有这些概念的两个特性：它们不包含矛盾，物理科学可以用这些没有矛盾的概念来表述。

这就是人们可以称之为有效的或合理的物理概念：一个本身没有矛盾的概念，不会使基于这些概念的量化框架在发展中产生矛盾。我们将看到，几乎所有现代量子物理学中发展起来的概念都不完备，因为它们本身就包含矛盾，或者导致了量化模型中的矛盾。

19 世纪见证了复杂数学模型的发展，它使力学变得易于操作，同时也见证了新概念在热物理学和电磁学新领域的发展。

电磁学的核心创新是电荷和场的概念。我们并不知道电荷是什么，但是我们知道有两种不同的电荷载体，电子和质子。它们通过静电场相互作用，它们的运动会产生磁场，从而影响其他电荷的运动。

场是空间中的物体，它可以改变质量或电荷的速度。它们的性质变化很大，通常用数字或矢量来描述。人们可以将电磁学总结为三个物理概念：电荷、运动和场。而且这些概念，以及它们在电磁学通用模型中的应用——麦克斯韦方程组，现在仍在使用。麦克斯韦方程组甚至可以预先捕获由实验结果引入的微小修正，即真空中的光速是不变的，无论光是从静止还是移动的光源发出。这就是爱因斯坦在狭义相对论中对电动力学的贡献。

热物理是基于两个新颖的概念：温度和熵。这两个概念都可以用已有的力学概念来描述：温度本质上体现了粒子的动能，熵是动能在系统各种可能的激发态上的分配方式。热物理学与力学之间的联系被称为统计热力学，它主要是由路德维希·玻尔兹曼发展的。

到 19 世纪末，我们有了以下八个概念来描述物理学：质量、运动、力、能量、电荷、场、温度和熵。密度理论，很快增加了三个混合概念：电子质量和电子密度，以及多电子系统中电子的相互作用。考虑到这足以描述所有的原子物理学、凝聚态物理和材料物理学、化学和物理生物学，这似乎是相当有效的。

正统量子力学增加了四个新的概念：光子、波函数、不确定性和自旋。它们不太像是合理的物理概念，因为要么它们本身就包含矛盾，或者它们在数值模型中的应用会导致矛盾。

关于光子，这个概念包含了两个不相容的论断：第一个是光子是一个在空间中有一定延伸的电磁场，由电场和磁场分量组成，并且具有一定的频率。光是电磁波频谱的一部分，如微波或无线电波，所以它是由场组成。第二个论断是光子是一个可以与点状电子相互作用的实体。电磁场不能与点状电子相互作用，所以必须完全把相互作用交给不同的实体。但是，这个实体是什么将是未知的，因此不能用一致的方式来描述。由于电磁场在它的场振幅中包含能量，光子的能量和场的能量该如何计算，也是未知的。

关于波函数，这一矛盾源于一个事实，即一方面波函数不是一个物理对象，而另一方面它却完全描述了物理测量。如果它是一个物理对象，那么它可能会产生物理效应，并对物理测量产生影响。然而它显然不是，因为它不能被测量，所以它也不适合描述任何物理测量。

关于不确定性，必须记住，它不是决定测量结果或限制物理性质的可测量性的因素。很显然，这是对一系列测量结果的标准偏差的限制。标准偏差，从本质上讲，不能小于某个极限。正是由于这个极限的存在，以及原子尺度系统中所有测量都超过这个极限的假设，导致玻尔放弃了因果关系。

这里，能够说明它不是一个十分合理的物理概念的事实是，两组不同的测量，一组是关于表面物理学中表面电子的密度，另一组是关于中子的大小、组成和衰变，它们都违反了不确定性关系。不确定性关系与实验证据相矛盾，这表明它不能成为描述这些实验的自洽数学框架的一部分。

自旋不是一个合理的概念。它一方面不是一个矢量，然而，另一方面它必须是一个矢量，因为只有像矢量一样的物理对象才能与磁场相互作用，而电子显然能与磁场相互作用。

关于这些量子力学中引入的新概念，当时的物理学家，特别是玻尔和海森伯，试图通过断言"逻辑是一种经典偏见，它不适用于原子物理学"来掩盖这一问题。

在粒子物理学中考虑同样的问题是相当有启发性的。现在基本粒子的种类被认为是61种。它们是：18种夸克（6种味和3种色），6种轻子，18种反夸克，6种反轻子，8种胶子，4种电弱规范玻色子和1种希格斯玻色子。考虑到除粒子物理学以外，整个物理学都是基于11个概念。然而，这61个粒子都不是一个有效的物理概念。它们都被认为是点粒子，不同于质子和中子（后面会有更多关于中子的讨论），并且有从构型空间的不确定性中获得相互作用的能力。如果不确定性关系是无效的，那么它们中的任何一个都不会按照测量中所表现出的方式进行相互作用。

　　经过这些初步思考之后——目前理论物理处于什么位置，主要的优势和劣势是什么，科学的主要应用在哪些方面，以及概念问题在哪里产生的，让我们来看看最近的哥白尼革命。

第三部分

回到现实

但是我可以告诉你，下一个将不会是一个类似于量子力学的理论。它将是非常不同的，具有完全不同的结构——没有希尔伯特空间，没有算符，是一个全新的方法。当然没有不确定性关系。

佛朗哥·塞莱里（Franco Selleri），2003

13

哥白尼革命

　　沃尔特·科恩，1923 年出生于维也纳。1938 年，在阿道夫·希特勒占领奥地利之后，作为救援行动的一员，他抵达英国。他的父母被纳粹杀害。而他从英国被送到了加拿大，在那里他被关在一个营地。后来，他被多伦多大学录取，在那里学习了数学和物理学。他于 1945 年获得了多伦多大学的硕士学位，并于 1948 年获得了哈佛大学的博士学位。

　　1996 年，他获得了维也纳技术大学的荣誉学位，并于 1998 年获得诺贝尔化学奖。同年，我也在维也纳攻读博士学位。事实上，在这些年里，他是我们实验室的常客，我们这些学生需要向他汇报我们的研究。

　　在这时候，我正忙于发展一种数值方法来计算扫描探针显微镜中的电流。当时已有的模型只能得到定性的结果，例如，不能解决表面和显微镜的探针实际距离有多远的问题。这似乎引起了他的兴趣，他建议我用他的代码来解决这个问题，但我没有这样做。科恩的代码是最早的密度代码之一。它的速度比较慢，很难维护，程序编写得不算太好，与当时广泛使用的代码也不兼容。而我发展的代码不仅计算速度要快十倍，而且使用和维护起来也更容易。

1964 年，作为加州大学圣地亚哥分校的一名员工，科恩利用一次学术休假的机会，在巴黎高等师范学院皮埃尔·霍恩伯格（Pierre Hohenberg）的实验室里，重新探讨了固体理论中的一个老问题。这个问题最早是在 30 多年前，由意大利物理学家恩里科·费米（Enrico Fermi）解决的。费米思考了这个问题，大量的电子是如何在物理学家所说的电子气中组织起来的。类似于由分子组成的气体，处于这种状态的电子可以自由移动并相互反弹。如果你认为在整个金属材料中的势是恒定的，那么这实际上是一个还不错的模型。

在前面的章节中我已经提到了构型空间，这里只是提醒一下，这是一个六维空间，包括热力学中所有分子的位置和动量。海森伯调整了电子的构型空间，他对量子力学的贡献，即不确定性关系，意味着电子只能用一种模糊的方式来描述。在构型空间中，它们占据具有一定体积的立方体。现在我们可以在一个盒子里构建一个包含许多电子的模型，这个模型描述了它们的总能量，并且通过巧妙的数学运算，可以得到它们的物理性质。这种模型的一般规律由费米发展的统计学来描述，而这种统计学仍然带有他的名字：费米统计。费米已经意识到，正如在波函数一章中详细介绍的那样，波函数本身并不是数学物理学的理想工具，因为它在现实空间中并不存在。

然而，密度确实存在于现实空间中。所以费米提出了一个模型，这将使他可以解出这样一个系统的密度方程组。

不幸的是，这种方法无法描述原子物理学的一个关键发现：原子在壳层上总是以 8 这个数字来组织它们的电子，所以在原子核中增加 8 个质子，同时原子壳层上增加 8 个电子，将会导致一个具有非常相似性质的元素。原子的化学性质主要是由某个壳层上的电子数来决定。对于像大多数金属这样的较重元素来说，情况会变得有点复杂，因为这些壳层往往包含 18 个电子。然而，一个特定壳层上的电子数决定化学反应中的元素性质，这一原则保持不变。费米的模型未能描述原子的化学性质。

因此，霍恩伯格和科恩必须找到一个稍有不同的模型。他们从一个非常普遍的角度出发。他们问自己，关于电子密度本身我们知道些什么？事实表明这是一个很不错的议题，因为在他们的研究中，他们可以证明两件事情：

一是一旦知道电子密度，无论你的原子、分子和固体多么复杂，你的系统在物理上都是完全确定的。我所说的是一般意义上的系统：以某种方式组织的大量原子或分子。

这改变了物理学家所面临的问题。不再需要找到一个系统的薛定谔方程，然后解出能量和波函数，正如物理学家之前所做的那样，只需要找到一组特定原子和分子的密度。从受力的角度来考虑，这也要简单得多。在非磁性的分子或固体中，只有两种力：原子核与电子之间的吸引力，以及电子自身之间与原子核自身之间的排斥力。实际上还有两种，当我们讨论电子如何在固体中协作的时候，再进行讨论。

第二件事情是，真实的电子密度，即一个系统处于自由状态时，系统能量处于最低时所对应的密度。这个发现似乎是为代码和高性能计算量身定做的，它们将在 10 ～ 20 年后出现。

最低能量对应的电子密度的求解在数学中被称为最小化的问题，数学家对它的兴趣已经超过了 300 年。

解决这个问题的最早方案之一可以追溯到牛顿。巧合的是，牛顿出生于伽利略去世后不久。牛顿继承了伽利略对物体在加速度影响下如何运动的理解，具体来说是，由于地球引力造成的加速度。今天很难想象，如果没有合适的长度度量单位，人们如何对运动的物体进行动力学实验。直到 20 世纪 60 年代，物理学中还没有公认的长度单位，也没有合适的时间单位。当时不仅没有合适的时间单位，也没有所需精度的钟表，只有靠肉眼观察。

然而，伽利略发现，在重力的作用下，运动物体的速度随时间的增加而增加，而且他还发现它下落距离的增加与时间的平方成正比。

　　关于这些，牛顿在他的运动学中说，速度和距离取决于时间。物理学家把这种关系称为函数：对于每个运动的物体，速度和距离是时间的函数。牛顿与德国的通才戈特弗里德·威廉·莱布尼茨共同建立了一个数学框架，使他们能够以普适和详尽的方式来处理这些函数。这个框架被称为微积分。基本上，它可以让你研究关于数学函数的所有方面和所有关系，包含了非常多种。

　　牛顿发现了一个问题，一些函数在其系统中的某些部分是正的，而在另一些部分则是负的。例如，一辆汽车可以前进，此时速度为正；或者后退，此时速度为负。现在推广到一般情况，如果这样的事情发生在一个函数中，在某个范围内函数是正的，而在另一个范围内是负的，那么一定在某个点上函数值为零。我该怎样找到这一点？

　　这种方法被称为牛顿法，我们今天仍然在使用。它的想法很简单：一个函数不仅有一个值，而且还有一个斜率。如果它快速地增加或减少，那么它的斜率是陡峭的；如果它的变化变慢，那么斜率将会变小。牛顿的想法是利用函数的斜率作为它逼近零的指标，并通过函数的斜率找到零点。在实际中，这样的计算非常快，物理学家会说它迅速收敛到了期望值。

　　找到函数达到最小值的点的基本原理，可以应用于任何函数。它的一般形式被称为变分法。它的第一个已知应用是由瑞士数学家约翰·伯努利（Johann Bernoulli）提出的，它解决了一个非常简单的问题：假设两个点之间的连线，是一个球在重力作用下从第一个点下落到第二个点的最快路径曲线。如果第一个点高于第二个点，您可以先尝试一条直线。然而，单位时间内速度的增加是相同的，你必须下落到一个给定的距离，你达到的平均速度可能不是很大。如果从一条非常陡的路径开始行驶，就能够迅速达到一个很快的速度，然后减少斜率，甚至在最后可以略微上升。

事实证明，正如伯努利所发现的那样，有一类路径可以使时间最小化，它可以使用数学方法计算出来。这种路径被称为最速降线（brachistochrone）。虽然第一个变分计算的例子是在 17 世纪提出来的，但是发展变分法的两位主要科学家生活在 18 世纪：意大利的约瑟夫·路易斯·拉格朗日（Joseph-Louis Lagrange）和瑞士的莱昂哈德·欧拉（Leonhard Euler）。

变分是一个非常强大的技巧。下面就是原因。想象一下，你正在山上徒步旅行。时间可能接近晚上，你想赶快回到山谷。你会怎么做？你会环顾四周，看看地形，在脑海中绘制地图，思考应该怎么走。

这里有山峰、山脊、山坡和山谷，也可能有河流和泉水。在你看过所有这些之后，你会决定如何尽快到达山谷。如果你正站在山顶上，首先你必须确定要去的是哪个山谷，因为可能有好几个选择。一旦你确定了目标，就必须要下定决心，到底是直线下降（如果坡度很陡会很困难），还是用蜿蜒前进的方式以缓解关节的负担。然而，所有这些都将取决于大量的信息，这些信息包含在你脑海的图像中。现在想象你是一个盲人。这样你接下来所做的就是物理学家在他们的变分法中所做的。

第一个任务是找出你实际所在的位置。所以你可以先改变一下你的位置，迈出一步，然后感受一下，这是向上还是向下。如果它沿一个方向向上，沿另一个方向向下，并且在另外两个方向上保持不变，那么你就知道你在一个斜坡上。如果沿所有的方向走都是向下，那么你就在山顶上。如果所有的方向都是向上，你就在谷底。所以原则上，你将要做的取决于方向，找出沿哪个方向下降速度最快，在迈出一步或几步之后，重复检查。

这正是大多数现代计算机代码实现任务的方法，即寻找最低能量，或者从一个点到另一个点的最优路径。无论是能量最小化的问题还是模拟化学反应，它们甚至遇到了同样的问题，如果他们处在一个洞里，他们必须找出这是否是最终要到达的洞，也就是可以去到的最低点，还是说这只是斜坡上的一个洞（如果我走得更远一点，我会发现向下的路还没有完成）。可以肯定地说，在发明计算机之前，对涉及两个以上物体的系统进行这样的计算，是不可能实现的。在牛顿力学中，唯一可以解析解决的问题是，两个物体的相互作用。其他所有问题都必须通过数值模拟来解决。

今天，变分法是物理学、化学或生物学中许多领域大部分数值模拟的基础。这是因为它们非常灵活。在过去，用粉笔和黑板，你只能通过操纵你的数学符号来进行计算，直到你得到一个足够简单的表达式，这样的合理近似可以给你一个数值。

我们今天知道，物理系统设置上的微小变化可以完全改变其物理性质，这在没有计算机的情况下是不可能发现的。今天我们在所有学科中所做的理论研究，已经与一百年前在这些学科中所做的科学研究完全不同。我所知道的唯一仍在使用传统方法的理论科学家，就是纯粹的数学家。纯粹的，在这种情况下，并不反映他们的个性或生活方式。像纽卡斯尔大学一样，数学系通常包括三个不同的群体：纯数学家、应用数学家和统计学家。应用数学家大多是理论物理学家。考虑到纯粹的数学家并不需要真的处理麻烦的实验事实，他们仍然可以在没有电脑的情况下进行研究。

到 20 世纪 80 年代早期，计算机逐渐广泛应用于科学研究，所有的数学工具都已经存在，使得分子和固体的理论计算变得高效、快速和精确；并且悄无声息地，科恩改写了量子力学，摆脱了波函数。

20 世纪 50 年代，戴维·玻姆试图使波函数变为真实的并解决量子力学中的根本问题，但没有取得太大的成功。在 20 世纪 60 年代，沃尔特·科恩建立了一个理论框架，然后将其简化为一个用于模拟的方便工具。这件事情发生了，没有什么大惊小怪，也没有引起物理学界的太多关注——就像玻姆理论那样，因为类似于哥白尼的太阳系的日心说模型，它的引入是为了数学上的便利而不是基本原理的改变。然而，它确实改变了。

有一个有趣的观点，可以追溯到美国物理学家约翰·范·弗莱克（John Van Vleck），他是科恩的导师之一。他指出，对于固体计算来说，波函数是一个多么糟糕的主意。本质上，这归结为无法存储或操纵固体波函数的问题，因为世界上没有足够的内存。

当我介绍导致爱因斯坦玻尔之争的问题时，我提到氦原子中两个电子的波函数必须写成这样一种形式，即两个电子中的每一个都可以自旋向上或者自旋向下。这是量子力学的一般原理：如果系统中有多个电子，那么我们使用的波函数必须包含它们性质所有可能的组合方式。这使得使用波函数的代价非常高，即使对于小系统也是如此。

在数学上，物理学家为了满足这一要求，要做的是将每一个电子乘以不同性质的波函数。如果你有两个电子，你会有四种不同的自旋组合方式。如果你可以用3个数字来描述一个电子，那么对于10个电子来说，描述波函数所需要的总数是 $3^{3\times10}$。100个电子是 $3^{3\times100}$。典型的模拟计算现在通常涉及超过1000个电子。假设宇宙中质子的总数只有 10^{80}，我们也完全没有办法存储或操纵这么多的信息。

超过100个电子的系统的波函数，不仅无法计算或存储，而且也不是一个合理的科学概念。你可以通过分析波函数的精度，以及它们与系统的真实波函数的相似度，来进行类似的论证。这与一个事实相关，即波函数的每一个数值表示都会导致实际数字中的一些误差。根据这一点，你得出的结论是，超过100个电子的波函数与真实的波函数没有太多相似之处。

所以，科恩说，既然我们不能用波函数进行计算，那我们扔掉它吧。

这就是密度理论所做的。在这个过程中，它解决了量子力学的根本问题，理论与现实的关系：因为密度是真实的，而且密度是所有人都知道的，所以原则上在密度理论中没有数学至上论。从政治角度来看，这是一个非常聪明的方法。它建立了一个平行的框架，使物理学家能够对材料、化学和生物学有一个非常透彻的理解，同时仍然口头上支持正统理论。当然，这对获得研究经费也很有帮助。

密度理论目前处于什么位置？ 20世纪90年代，当我还是一名博士生的时候，我博士论文的研究工作是在一个大型工作站上计算金属表面的电子结构。然而，现在你的手机就拥有比当时的工作站更强大的计算能力。为了找到这个问题的答案，工作站必须计算大约三个星期，而这个模拟只涉及9个原子。因此理论研究的限制因素就是计算能力。这意味着，理论上的前沿研究是在计算设备最好的地方完成的。

如今，大多数大学都拥有包含数千个核的大型计算设备。我们也有许多改进的计算代码，这些代码进行模拟计算不是在一个核上运行，而是在多个核上同时运行。除此以外，理论家们仍在利用一些巧妙的技巧来提高运算性能，并不断拓展模拟的极限，使它达到一个合理的时间尺度。所以我博士期间研究的问题，现在利用现代计算设备，可以在几分钟甚至几秒钟之内解决。目前它们的能力可以模拟数百万个原子的系统，这些模拟可以用来处理真实的材料，例如制造半导体。

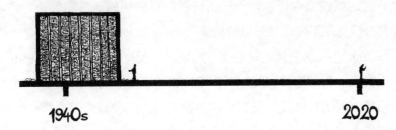

这不仅只是在物理学领域，在化学和生物方面也有类似的发展。密度理论原则上不关心模拟的是什么系统。从密度理论的观点来看，所有系统都是由非常慢的原子核和非常快的电子组成。由于电子速度非常快，因此大多数情况下，原子核可以认为是冻结的。因此，所有的因素都是电子密度。

目前，化学家们正在对反应方式的细节进行研究。例如，他们可能会用一种密度理论来模拟光照射分子时，分子以某种特定方式发生反应的情况。这种方法既可以用来研究植物在利用光产生葡萄糖的反应中发生了什么，也可以用于物理学，来了解太阳能电池是如何工作的。

在生物学上，大多数系统仍然超出了密度理论粗略近似法的范围。模拟 DNA 是可以的，但是如果包含液体环境，目前我们甚至连一个小的片段也无法模拟。然而，密度理论可以用来近似估计原子之间的受力，然后可以用这些受力来模拟整个分子。这些计算并不十分准确，但可以用来考虑数十亿个原子。如接下来的章节所示，如果我们成功地去除了密度理论中波函数的最后残留，并且在密度的基础上建立了一个完整的理论框架，我们就可以从头开始模拟生物系统。目前，这种模型被称为无轨道密度理论。轨道是特定环境中单个电子的波函数。

从历史发展上看，量子力学与密度理论之间的休战不可能持久。

一旦密度理论被接受，电子的真实形状、形式和性质就将成为一个问题，因为它们会使密度理论与量子力学产生冲突。这种情况发生时，理论模拟已经变得十分精确，可以预测表面的密度，并且精度超过百万分之一，这些模拟也可以与一种新研制的显微镜的测量结果进行比较，这种显微镜克服了传统显微镜的局限。

在2000年左右发展的这些新方法表明，所有物理过程都将在空间和时间上发生。利用这种表述，密度理论去除了量子力学的数学基础，即希尔伯特空间的合理性。没有希尔伯特空间，就没有量子力学。在我讲这个故事之前，让我先说一下我们目前对电子的理解。

14

强大的电子

在自然界中，元素以各种形式和状态存在。相比较而言，电子是相当不起眼的。你只能测量电子的质量却无法测量它们的自旋，因为它们会像一个普通粒子那样以一定的速度运动，然后在一个并不改变它们自旋的磁场中发生偏转。除物质以外，电子像是一种无聊的生物，就像动物学家看到一只大鸟的感觉一样，比如一只秃鹰，笨拙地走在岩石的表面上，或者是在沙滩上的信天翁，它们被认为是非常笨拙的鸟类，没有一点有趣的特征。但，看着它们飞翔，一切都会不一样。

粒子物理学家们，只能通过他们的碰撞实验来了解电子，对于电子只有特别模糊的概念：没有结构，没有延伸，自成一类，所以在它们61个亚原子粒子的世界里，像是一个局外人。如果考虑像太阳这类恒星内部的原子核或环境，这些其他粒子将会变得非常重要。但是我们的正常环境，以及我们的日常生活，并不会发生在恒星内部。在恒星外部和原子核外部，其他粒子只不过是一个为电子而写的脚本中的额外标注。在这里，电子是国王。

亚里士多德实际上是正确的，他说地球上没有真空：大部分都被电子填充。地球本身的直径大约为 12 000 千米，体积约为 1.1 万亿立方千米。地球上所有的原子核可以堆积在一个边长大约 140 米的立方体中，而球体其余空间则全是电子。

总共大约有 2 000 000 000 000 000 000 000 000 000 000 000 000 000 000 000 000 000 或 2×10^{51} 个电子。这个数字是一个估算。如果你知道原子核的体积是原子体积的 $1/10^{15}$，那么你就能算出地球上所有原子核所占立方体的大小。然后如果你假设电子在每一个原子中所占的体积大致相同，就像在金属中一样，那么你就可以得到电子数。这是一个下限；真实数字要高得多，但很难计算，因为你需要确切知道地球是由什么构成的。液体中，同样大部分是电子，就和气体一样；原子核唯一的作用就是吸引正确数量的电子，以平衡原子核的电荷。除此之外，它们很安静，也很容易被遗忘。

那么电子又是什么？

我们今天最好的答案是，当它们与其他电子结合时，它们具有非常高的灵活性和非常多的用途。他们似乎没有一个严格的形状，甚至没有一个固定的体积，所有这些都依赖于它们所在的环境。例如，在大多数金属中，电子密度是一个电子大约填充一个直径为十分之一纳米的立方体。但这些只是没有被固定在一个原子核上的电子。进入到金属原子内层的电子，你会看到密度增加了：有时会显著增加。例如，金原子包含79个电子，直径为0.27纳米。相比之下，氢原子只有一个电子，但直径为0.06纳米，约为金原子直径的四分之一。这两种原子密度不同的原因是，金原子中79个质子形成的场远远高于氢原子中单个质子的场。总之，密度将依赖于所处的场强。顺便提一下，这是大约50年前，霍恩伯格和科恩最先提出的。但是，仍然存在一个小问题。

法国物理学家路易斯·德布罗意主要是出于对称性的考虑，试图把波的性质归因于电子。如果光波可以被看作是光子，也就是数学点在空间中传播，那么他认为，相反的假设也应该成立。从另一个角度来看，有趣的是，没有人试图确定光子的大小或形状。粒子物理学家假定光子是点。然而，这是不正确的。光子，像电子一样，由电子发射和吸收，不具有确定的形状或尺寸。

德布罗意在1924年的博士论文中提出，为什么不给这个点，也就是电子，赋予波的性质。在这个时候，这是一个相当牵强的想法。然而，这个想法迅速被爱因斯坦采纳了，然后是薛定谔，从而导致了薛定谔方程的发展。从某种意义上说，这个方程是关于电子波动性的一种特殊的波动方程。这个方程产生的问题，在密度理论中没有得到解决，在1927年两位美国物理学家克林顿·戴维孙（Clinton Davisson）和莱斯特·革末（Lester Germer）的实验中显现出来。

他们用阴极管在真空中加速电子，并将其发射到镍表面。金属表面一般是具有高度对称性的晶体。物理学家把每一种以周期性方式排列的材料称为晶体。不仅金属原子是周期性排列，而且在合适的条件下，分子也会以这种方式组织起来。将电子发射到表面，并研究电子从表面电荷的反射，就可以了解原子在表面的排列方式。这样的方法仍然在世界各地的物理实验室中使用。然而，反射也可以用来研究电子本身。

当时，大家已经知道 X 射线可以用来研究晶体。这是因为 X 射线能量很大，很容易穿透晶体。在这种情况下，X 射线散射到材料的原子上，将会显示出原子周期性排列的图像。为了获得清晰的图像，X 射线的波长需要接近单个原子之间的距离。

戴维孙和革末从镍表面的反射中看到的是类似的图案，这意味着电子是波。密度理论留下的问题是，在理论模型中，密度不具有任何波的性质。在密度理论中，波的性质只适用于轨道或波函数，而不是它们的平方——密度。所以，如果密度实际上是描述真实空间中电子的分布，那么波在哪里？或者，更简单地说，如果不是密度，究竟是什么在波动？

这个问题在很大程度上被忽略了，直到比电子束精度要求更高的表面实验出现了，就需要对这个问题做出详细的回答。这个回答不仅要解释电子的波是什么在发生波动，而且还要解决单电子和自旋的关系问题。这两个问题是相关的。这个答案以一种完全不同的方式显现，在理论物理学中这种情况经常出现。

霍恩伯格和科恩，在他们的原始工作中，证明了电子密度是重要的，电子密度可以通过改变系统的能量，使能量最小化来计算。但是，人们在实际中不知道该如何做到这一点。所以他们所做的是，发明了一个额外的工具来使计算变得易于处理，就像系统中每个单电子波函数一样，可以被看作是一个薛定谔方程的解，也就是一个电子所看到的每个原子核和所有其他电子的电磁场。

这些场可以通过密度来计算。在实际中这意味着，首先猜测一个初始密度，然后计算电磁场，然后求解系统中每个电子的薛定谔方程，之后将所有电子的密度叠加起来，得到一个新的密度。为了得到更准确的结果，继续重复这个过程，直到得到答案为止。在物理学中，这种方法被称为自洽迭代，因为计算的输出——密度——被迭代，直到它与计算的输入——原始密度没有什么不同。

但是，这种计算密度的方式在逻辑上是不严谨的。例如，一个特定区域的密度如何知道它是属于一个特定的电子？这是模拟的一部分，但不应该是密度本身的一部分。这个方法的代价也是非常高的：计算。虽然现在计算机的速度相当快，但是如果通过密度本身，计算速度仍然可以大幅度提升。在过去 30 年里，这一直是一个活跃的研究领域，但它似乎并没有达到计算化学性质或反应所需的精度。特别是，这种方法仍然是未知的，也不清楚这种方法的主导方程会是什么。

我曾断断续续地花了大约 20 年来研究一种延伸电子模型。在一架飞往北京的飞机上，我突然意识到，解决方案是什么。结果表明，解决问题的关键在于，理解波函数实际上是什么。玻姆已经证明了，可以将量子力学重新定义为真实空间中波函数的决定论。然而，他没有解释，这些波函数的物理实质是什么，并且由于创造了一个不具有物理属性的势，带来了额外的复杂性。

但是还有另外一种观察波函数的方法。

想象一下，电子的密度是其物理性质的真实图像。如果真的是这样，那么在电子实验中观察到的波的性质，也应该在密度中出现。但是，对于一个运动速度不太快的电子，这些怎么起作用？如果密度在电子内部的一个点上发生改变，那么这个点上的能量也会改变。如果它随时间变化，那么这一点上电子的能量也随时间变化。但是如果电子具有一定速度，那么它的总能量保持恒定。由此可见，变化所包含的能量或者说密度的速度，不可能是电子所具有的唯一能量。

还记得吗，我在第一部分中谈到了动能。速度因素包含在能量中，密度的变化就是电子的动能。如果电子是一个点，这将是电子所具有的唯一能量。如果它不是一个点，那么它需要一个额外的能量分量。量子力学从一开始就假定了，电子只有动能。因此，这个假设在逻辑上，与电子是一个点的假设是相关的。如果它不是一个点，那么它还有另外两个能量分量：一个与它的密度变化有关，描述了电子的自旋；另一个是一个恒定的能量分量，描述了它的内聚力。

　　如果电子以一定的速度沿直线运动，它的质量密度将随时间的流逝发生变化；这种变化，以及用来描述它的波长，是由路易斯·德布罗意在20世纪20年代提出的，并在数千次实验中得到验证。但质量密度随时间的变化并不是全部的物理图像。除了质量密度的变化（也就是动能）之外，电子还具有势能密度，可以用矢量来描述，它是和电子的自旋相关联的物理量。当一个电子沿着某一条直线运动，自旋矢量可能指向前方，你可以称之为自旋向上；还有一种可能指向后方，你可以称之为自旋向下。这些矢量，你可以认为类似于电磁场，是电子对外部磁场响应的原因。

　　有一件事我一直不明白，在我乘飞机去北京工作的那天晚上终于解决了。对于一个相信正统理论的理论物理学家来说，电子具有波动性是没有问题的。它可能不是以有形的方式存在，它处理的大部分物理问题都是这样。但是如果你要处理真实的波动性，就会出现一个问题：

　　当电子速度发生改变时，电子如何改变它的波长？这个问题在我脑海里已经存在了快十年，当我在2009年11月搭乘从巴黎飞往北京的一架夜间航班时出现。

顺便提一句，如果有人相信哥本哈根诠释，这将是一个被禁止的问题。但是，如果人们相信，电子是物质实体，而它们的波动性是物质构成的一部分，那么就需要回答这个问题。在这里，自旋也出现了。

　　如果你试图弄清楚电子在外场中加速时发生了什么，那么你会发现下面的公式：

$$\dot{d} + \dot{S} = 0 \qquad\qquad (6)$$

在这里，d 是质量密度，S 是自旋密度，其上的圆点代表物理量相对于时间的微分。这个等式说明，在这种情况下，质量密度随时间的微小变化和自旋密度随时间的微小变化，相加之和为零（质量密度与自旋密度之和守恒）。当电子的运动加速时所发生的是：电子的质量密度分量减小，自旋密度分量增大。

　　静止的电子没有自旋密度分量，以光速运动的电子没有质量密度分量，所以它实际上是一个光子。在这之间，随着电子被加速，它的质量密度分量减小，且波长减小。

　　这个等式还有另一个非常重要的结果。电子可以被电场或磁场加速，然后像普通的粒子一样运行。也就是说，它们改变了速度和方向，如同它们是经典粒子一样。特别是它们的加速度，和正常的加速度一样。这个等式给出了原因：从质量密度分量到自旋密度分量的能量转移是一个内部过程，对于外部观察者来说这个过程是不可见的。这种量子力学粒子的行为在 1926 年，由奥地利物理学家保罗·埃伦菲斯特（Paul Ehrenfest）导出。对于延伸电子来说，它对电子内的每一点都是有效的。

　　与电子质量相联系的电磁场是理解其性质的一个重要组成部分。记得我们之前问过自己，为什么光的能量与它的频率成正比，而在电动力学中，描述能量的是光波的振幅而不是频率。结果表明，场的振幅和频率都与电子的能量成正比。

　　因此，有两种不同的方式来改变电子的能量。我们既可以在静电场中加速它，也可以用光波撞击它来改变自旋分量。在这两种情况下，我们将改变的是电子的速度和在质量分量与自旋分量之间的分配方式，从而改变其波长和频率。普朗克常数描述了电子电磁场的频率和能量之间的关系，因此它是电子的基本物质常数，而且只是针对电子。

在后面的章节中将会看到，有理由相信这个常数在原子核环境中是不一样的。

这个新电子模型的关键创新在于，它拓展了我们对质量如何与场相互作用的理解。通常，材料的质量被认为是不可改变的，它通过改变其动力学性质如速度或加速度，来与场相互作用。在更小的尺度上，这仍然是原子尺度的质量模型，由希腊哲学家德谟克利特（Democritus）提出：他认为这个尺度的物质将由几何粒子组成，不能再被分割，他们是"a-tomos, un-splittable（原子，不可分割）"。原子（atom）这个词就来源于"a-tomos"。

这个新模型说明，在原子尺度上，场本身是电子质量的组成部分。质量与场的相互作用不仅改变了质量的动力学性质，也改变了质量本身。在一定程度上，这是对爱因斯坦1905年发现的一个小公式的概括。到目前为止，只有在核爆炸中，质量才会转化为能量和场。这个电子模型表明，对于每一个电子，它是一个连续和可逆的过程。

在物理学史上，类似的这种创新有，在法拉第和麦克斯韦的研究之前，电场和磁场独立存在。电场和磁场都被认为是由于电荷或电荷运动引起的。只有在麦克斯韦理论之后的电磁场中，它们才会在系统的动力学中相互转换，对我们对现实的理解有着深远的影响。

15

金属的魔法

在今天已知的 118 种元素中，大多数是金属。人们可以说，从青铜时代开始，在过去的约 5500 年里，金属定义了人类社会。在这个时期，使用贵金属作为支付手段与暴力和战争的蔓延之间，存在着一种隐隐约约的关联。

今天，金属几乎是每一项基础设施及技术手段的重要组成部分。我们每年大约生产 20 亿吨钢、6000 万吨铝，2000 万吨铜、1000 多万吨锌。这里并没有包括，应用在特殊领域，但使用量不多的金属。金属与非金属相比究竟有什么不同？

大多数孤立的原子非常不稳定，因此原子们通常倾向于形成团簇和分子，例如由少量原子组成的水分子，或大量原子组成的血红蛋白分子（血液中输送氧气的分子），或者更多原子组成的 DNA。也就是说，生命的基本元素是——原子。金属可以被看作是，一些原子数目趋近于无穷大的分子。这里有一些有趣的结果。

如果一个分子只有几个电子，那么这些电子的能级间隔通常会比较大。在这种情况下，电子将在各个原子之间共享，并将原子结合在一起。

这将发生在所有的分子中，不论它们的大小。由于电子不能在分子间移动，分子通常是绝缘体。你可能想知道，如果你是由分子组成的，那么你为什么还会触电。原因在于你身体里的水分。水，尤其是非纯水，则是一个非常好的导体，因为许多化合物溶于水时会变成离子。

然而，在一个由许多原子组成的金属中，通常具有更多的电子。在这种情况下，电子会以一种不同的方式来组织。它们不会像分子中的电子那样，附着在一对原子上，而是在原子核之间以电子液体的形式存在，所以电子可以在原子核之间自由地移动。

这解释了我们通常会在金属中发现的许多性质。它们很容易变形，因为它们的电子不会试图将原子保持在一种特定的几何排列。它们可以被敲打成薄膜，就像卢瑟福在实验中使用的金箔一样，也可以被拉成很细的线。由于它们原子核之间的电子液体，它们是电的强导体；并且由于这些电子可以自由移动，它们也可以瞬间反射入射光，因此所有的金属都是有光泽的。

金属中，原子核被包围在电子的海洋中，因此它们的组织方式非常简单。本质上，它们是为了在给定的体积内最大化原子数目，这在一定程度上取决于自由电子的数量与原子核的尺寸，以及温度。但是对于所有金属，仍然只有三种可能的规则排列方式。从表面上看，金属是一种非常规整的材料，这也是材料科学家喜欢它们的原因之一（除了它们在现代技术中的重要性）。还有我们应该珍惜金属的另一个原因，那就是金属，特别是金属铁，对于人类的生存至关重要。

地球的核心地核可以分为外地核、过渡层和内地核三层。内地核，是一个直径约为 2500 千米的球体，它是由规则排列的铁、镍构成，温度在 6000℃以上，密度约为 13 克每立方厘米，压强约为 360 万个大气压。我们知道，这是一种被称为体心立方的排列方式，因为在这种条件下，铁的结构是通过密度理论来计算的。地球每 24 小时旋转一周期，这种巨大的旋转可能看上去速度非常小。但这只是看上去是这样，如果你没有真正去计算速度。地核转动比外层快，内地核周长的转动速度，比一辆时速 327 千米的高速列车还大。

这种旋转的铁在地球周围产生了强大的磁场，可以到达遥远的太空。近地空间中环绕地球的两层巨型"轮胎状"的高能粒子辐射层形成了范艾伦辐射带。范艾伦辐射带，以美国物理学家詹姆斯·范·艾伦（James Van Allen）的名字命名，是地球磁场捕捉高能带电粒子的区域。地球把太阳辐射的带电粒子俘获在自己的磁场里，这些粒子十分强大，如果它们到达地球，足以毁灭生命。

所以从某种意义上讲，地球磁场是防止邻近的聚变反应堆威胁我们生存的第一道防线。在强烈的太阳风暴中，高能粒子被地球磁场捕获，这与欧洲核子研究中心操纵粒子的方式非常相似，这些粒子被偏转到两极，在那里创造了美丽的极光。第二道防线是臭氧层，用来对抗紫外线。

回到钢铁行业，过去两三千年来在这个领域技术领先的是亚洲国家。钢铁大多是铁和碳的组合，一种叫作铁碳合金的化合物，使它变得如此特别。在这种情况下，问题就在于如何将碳注入铁中。在南印度，这是以一种特殊的方式完成的。配方就是：将大约半千克铁矿石制成的生铁分解成小块，放入一个小陶罐中，然后覆盖上一些茶树的木屑和当地灌木丛的树叶。然后将陶罐密封，并放入火炉中几个小时。热量将木屑中的碳熔入到铁中制成碳钢。陶罐冷却后，将它敲碎，就获得了钢球。这些钢球随后被转换成钢条，然后被锻造成刀片，也被称为大马士革钢，因为大马士革是中世纪时期制造刀剑的地方。

在十字军东征期间，欧洲人第一次看到了钢剑。欧洲骑士没有可以与之相比的兵器，他们的剑是铁制的，非常沉重，而且经常需要打磨。获得一件价格昂贵的大马士革兵器，对于任何基督教骑士来说都是重大的胜利，他们把这些剑带回到家中作为传家宝。只有一个问题。

中世纪的骑士们持续不断地进行兵器训练，使得他们能够征服可能遇到的任何不受控制的农民。他们还有后备的兵器供应，由这个国家住在城堡里的铁匠保存。打磨这些兵器的方法是，在煤火中加热，然后迅速在水中冷却。这使它们的外层变得脆弱而锋利。然而，打磨剑所需要的温度，远远高于使剑中的碳氧化的温度。所以，每当铁匠打磨大马士革剑的时候，钢铁中的含碳量都会有一定减少，直到这把剑变得一无是处。

铸造的钢刀，比铁刀要坚硬得多，也更轻薄。这意味着一旦钢刀中的碳被"烧掉"，剩下的铁就会变得不够稳定，从而刀刃在撞击中会很容易破裂。直到19世纪，欧洲才能生产出同等质量的钢铁。中世纪的铁匠们从来就没有发现，他们是如何毁掉了他们主人的剑。

一个多世纪以来，金属一直是材料学家的典型研究系统。通常，他们会把金属切成方便的晶体，然后用各种显微镜来研究它们。也有可能将它们暴露在其他蒸发的金属原子中，来研究不同金属的组合，称为合金；或者将它们暴露在不同的分子中，以研究分子在金属上的行为，甚至是它们的化学反应。

在金属表面的电子，是基本自由的巡游电子，它们只受到很小的力使其保持在金属中。这种接触电势通常在几个伏特的范围内。在实验中，爱因斯坦用他的光子进行了数值描述，这意味着可见光可以给电子足够的能量来脱离金属，并被表面上方的电极捕获。我们也知道，从密度理论来看，金属表面的一个电子占据了一个直径约为十分之一纳米的区域。与一个点相比，这是一个相当大的区域。我们很快就会证明，为什么电子实际上不是一个点，除了电子在被光加速时可被发射出去之外，它还有另一个结果。

由于电子感受到的场很小，它的密度不会被局限在原子表面非常邻近的区域，而是会在表面上的真空中延伸相当长的一段距离。它从表面向上延伸的距离，是可以测量的，取决于金属的种类，但是典型的距离大约是 0.5 ～ 1.0 纳米。密度的一个重要特点是，它在表面上迅速减小，每十分之一纳米减小一个数量级。你现在想象一下，有人实际测量了表面上的密度，并将这个测量作为一种定位装置。事实上，这些测量确实存在，并且已经存在了相当长的一段时间。执行这些测量的仪器被称为扫描探针显微镜。

有趣的是，在历史上，科恩用他的密度理论在理论上和数值上解决的最早问题之一就是，确定了电子密度在金属表面的行为。他无法验证计算结果，因为当时没有足够灵敏的仪器能够从金属表面获得这些信息。这个理论计算是在 20 世纪 70 年代早期完成的，而用来验证计算结果的仪器在大约 10 年后才被发明出来。

16

费曼的绝望

　　美国物理学家理查德·费曼主要以他的两个见解而闻名。一个是，认识到如果我们可以在原子尺度上利用物理受力，自下而上地构建具有新功能的结构，那么我们就可以设计出以前闻所未闻的新材料。这一观点，可以用他的一句名言来概括"底部还有大量空间（there is plenty of room at the bottom）"，并成为纳米科学的创始神话，在世纪之交主导着物理学的科学范式。另一个是，意识到物理上处理干涉的方法存在非常严重的错误。在这个问题上，他认为量子力学的核心只与一个谜团有关：实验中干涉条纹的出现，是由像电子一样非常小的粒子引起的。用他的话来说：

　　我们选择了研究一种不可能、绝对不可能用任何经典方法解释的现象，而这正是量子力学的核心。事实上，这个现象包含了唯一的谜团。我们无法解释这个现象的产生原理，使得谜团消失。我们只会告诉你，它是如何产生的。为了向你描述它是如何产生的，我们先要告诉你所有量子力学的基本特性。

　　理查德·费曼就是这样说的。他所谈论的现象是干涉。想象如下的情况，一个光子或一个电子撞击到一个刻蚀成光栅的装置上，这样光子或电子就可以穿过光栅中的任何一个（通常是许多）狭缝。穿过光栅后，光子或电子撞击到一个屏上，接着对屏上每个特定位置的撞击数进行统计。你会发现这个数字在屏上的变化取决于电子或光子的波长。这里有一个量子力学可以给出计算但无法给出合理解释的小问题。这就是那个谜团。

问题是这样的。比方说，我们有电子撞击在光栅上。费曼把这比作发射子弹到光栅上，并观察电子在穿过光栅后偏转的位置。注意，费曼的基本假设是，电子是一些模糊的点。事实上，电子确实是一些点，但它们的模糊性是由构型空间的不确定性造成的。那么，你可以预期的是：与卢瑟福用 α 粒子轰击金原子的实验结果类似，大量的电子将会产生较小的偏转，还有一些将会产生较大的偏转，所以你会在屏上得到一个有些模糊的光栅图样。

然而，你观察到的结果并非如此。你从统计数据中观察到波峰和波谷取决于电子的波长，你还观察到撞击到屏上的电子出现在不应该出现的地方，而且在某些地方观察到的电子比子弹模型预期的少很多。所以，很显然你的子弹模型是错误的。那该怎么办呢？

费曼因其在量子力学和粒子物理学中的贡献而获得了诺贝尔奖。费曼的工作中有一个是发展了一种特殊方法，它叫作路径积分。其背后的数学计算相当复杂，但它本身的思想很简单。如果你想了解你的研究对象是什么，你需要考虑大量个体的不同行为。这有点像用多电子波函数来描述每个电子所有可能具有的性质。所以如果它们撞击一个光栅，它们中的每一个都可以通过一条不同

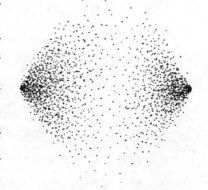

的狭缝。穿过狭缝之后，它们将在构型空间中再次相遇，并把它们的各种性质叠加。当研究对象是电子时，穿过光栅的是它们波函数的相位。费曼说，所有这些相位叠加起来，会造成振幅的波峰或波谷，而波峰或者波谷的平方就是你所测量的物理量的值。这里有一个小问题。

如果你假设这将发生在实际中，那么在每次测量之前，你必须创造出大量的电子以便于穿过光栅的各个狭缝。这意味着，由于电子具有质量，你必须给每一个创造出的电子提供 511 电子伏特的能量。根据玻尔兹曼统计，这实际上是不可能发生的。

有一种特殊的理论，我们在分析波函数和测量的问题时谈到过，它被称为量子力学的多世界诠释，它在逻辑上非常极端。这个诠释声称，你每次进行测量时都创造了一个新的世界，一个包含大约 10^{80} 个质子的新世界。想一想，算一算，一次测量需要多少能量？有相当多的科幻小说使用这个理论，不难猜到原因是，这个理论有很大的潜力创造出新颖的故事情节。由于所有这些都是不可能的，所以你将面临一个难题。

不过，有一个解决方案。数学图像和子弹模型都是错误的，反而会发生类似于自旋测量的问题：光栅不仅仅是一个被动的物体，它还会主动地改变测量。在我们讨论这个问题之前，先来讲一些实验。

1999 年，安东·蔡林格研究组曾试图证明，宏观物体，相当宏观的物体，可以在金光栅上发生干涉。他们使用的物体是勃克明斯特富勒烯，俗称巴基球。一个巴基球是一个由 60 个碳原子组成的 C_{60} 分子，直径约为 0.7 纳米。富勒烯最早是由英国化学家哈罗德·克罗托（Harold Kroto）于 1985 年发现的。富勒烯的形状酷似足球，由于它们是球形的，所以它们的电荷是对称分布的，这意味着它们在正常状态下，电荷密度不存在不对称性。化学家们会说，这种情况下分子没有电偶极矩。然而，如果电荷分布不是完全对称的，例如当它被挤压或振动时，它会具有一个相当大的电偶极矩。

在实验中，利用激光把分子加热到每秒钟几百米的速度，然后将它们对准金光栅。实验者统计了通过光栅之后分子的数目，尽管在主峰两侧只有两个小的次峰，他们仍然宣称测量到了穿过金光栅的巴基球的干涉现象。这个逻辑存在两个小问题。接下来进一步的实验会告诉我们，问题的根源在哪。

第一个问题是概念上的。由于巴基球是一个相当大的分子，由60个原子和240个电子按球形排列而成，很难判断这样一个分子的波长是多少，因为费曼图像认为波长决定了波峰和波谷的位置。而蔡林格说，不用担心，我们先取得分子的速度，然后类比特定速度的电子对应一个特定的波长，通过分子的速度和质量我们就可以得到波长。从密度理论的角度来看，这是非常有问题的。请记住，密度，是我们了解分子所有性质所需要知道的唯一信息。但是，密度并没有给出波长。另外一个问题是，决定电子的动量和波长比值的普朗克常数，是一个基本的物质常数，它只对电子有效，对分子不一定有效。但是，蔡林格说，我可以测量波峰和波谷之间的距离，这个结果告诉我距离取决于分子速度的大小。因此，分子的波长取决于分子的速度。

又过了许多年，直到2007年，这些测量的真实情况终于浮出水面。在这一年，光栅上的分子再次被测量了，但是这一次有一些改变。这次实验不仅用激光加速分子并测量穿过光栅后的撞击情况，而且分子在撞击光栅前还被加上了强电场。这些测量结果表明，可以通过改变外加电场来调控波峰和波谷。这告诉我们什么呢？这告诉我们分子与光栅之间的相互作用是实验的决定性因素。

电场会挤压分子，并改变分子的电偶极矩。除此之外，众所周知，如果加热这样一个分子，分子会开始振动。振动也会产生电偶极矩，但这些都会随时间变化。想象一下，这样一个带有可变电偶极矩的振动的分子进入光栅。光栅由金构成，因此会有许多电子几乎瞬间就受到分子电偶极矩的影响。这些相互作用在分子通过狭缝的时候会产生一个侧向力，从而影响分子的轨迹。这些力类似于金属中电子的关联运动产生的力，称为范德瓦耳斯力。所以，通过光栅后，分子的轨迹将会改变。改变的程度取决于分子的速度，因为分子速度越快，在光栅中停留的时间就越短。所以蔡林格研究组测量的并不是任何波的性质，而是分子与金光栅的电子密度的相互作用。这是之前谜团的答案吗？对电子同样适用吗？

不完全是。1965 年，美国物理学家艾尔弗雷德·兰德（Alfred Lande）在一本小书中，试图通过去除波来阐明波粒二象性的问题。考虑到电子密度的波动性，下面我们很快会讲到这个内容，这可能不是最好的方法。然而，兰德强调了另一个观点：干涉仪中电子的动量只能以离散的方式变化。事实上，这对晶体和电子的所有相互作用都是正确的。

这种行为的原因是原子排列的周期性。在这种情况下，与晶体的相互作用将导致晶格振动，晶格振动具有特定且离散的能量和动量值。反过来，这意味着，当电子与原子（如金光栅）相互作用的时候，它的性质也会发生一个特定的离散的变化。这些相互作用导致撞击后在屏上形成了一些离散的区域。剩下的唯一问题就是，如何理解这样一个光栅图像不是一个具有锐利边界的撞击区域，而是一个随着屏上撞击次数逐渐变化的相当模糊的图像。这里就需要谈到温度了。

上述类型的干涉实验是在大气和室温条件下进行的。这意味着，在通过光栅的轨迹上会有空气中的分子，光栅的原子将会振动，由于热运动的影响，相互作用的精确性将会变得模糊。在下一章中将会看到，表面物理学家为了找到能够真正解决物理学基本问题的实验，怎样去分析实验中微小的效应。与这些努力相比，这里所讨论的实验相当简单，并且在媒体和大众中得到了回应，主要是由于所宣称结果的荒谬。

理论物理学的进步，是通过逐步消除实验测量中含糊不清的地方，并通过模型模拟来找出引起特定现象的确切原因。仅靠大声喊着波粒二象性不足以形成令人信服的论据，特别是当没有任何物理原因可以支持这种说法的时候。在提出这样一个观点之前，人们可能会认为，所有可能的热效应和相互作用都已经被消除。但是，当然这并不是这些实验的目的。

这些实验似乎并不神秘。想要理解到底发生了什么，我们所需要的是关于实验过程的一个清晰的观点，以及对原子尺度上物理系统特性的良好理解。我想知道费曼是否曾经读过阿瑟·柯南·道尔（Arthur Canon Doyle）的一本书。舍洛克·福尔摩斯（Sherlock Holmes）破案的方法实际上是非常科学的。想要找出一个事件的原因，只需要排除所有不可能的原因，而剩下的那一个，无论多么难以置信，都是真正的原因。如果费曼用了同样的方法，他可能会争辩：

我知道电子的直径小于 1 纳米。我也知道光栅的狭缝宽度比 1 纳米要大得多。所以我可以排除相邻狭缝对电子轨迹的影响。此外我知道玻尔兹曼统计不允许我在飞行过程中产生更多的电子。因此，我也可以排除不同狭缝对屏上撞击产生的影响。那么，剩下唯一可能的原因是，与光栅材料的相互作用决定了观测到的图案。因此，这种图案实际上并不是由干涉引起的。

当然，以这种方式思考，他不得不承认尽管路径积分会使实验结果表面上合理化，然而因为路径积分是基于某种形式的干涉，所以它显然与真实的事件毫无关系。

17

奇妙的显微镜

如今，有二十多种不同类型的显微镜被物理学家所熟知。它们使用许多不同的媒介来实现微小尺度上的成像，如光、电子、电磁场、表面电位、惰性气体、中子、质子、介子等。人们甚至可以把物理研究中使用的最大的仪器，位于日内瓦的 20 千米长的强子对撞机称为显微镜。它与传统显微镜唯一的区别在于，强子对撞机试图利用原子核的碎片拼凑出原子核的性质。这些显微镜的能量范围涵盖了 15 个数量级，从非常微弱，适用于磁性测量且不到一个化学键能量千分之一的级别，到一百万个化学键的一百万倍，因为这就是粒子物理学家认为希格斯玻色子赋予宇宙的质量的所处能级。如今，各种各样的显微镜成为物理学研究的主要工具。

第一台显微镜是于 17 世纪在荷兰发明的。安东尼·范·列文虎克（Antonie Van Leeuwenhoek），一位代尔夫特市的良好市民，完善了透镜研磨技术，并用他独特的显微镜来研究微生物学。他的关于池塘里发现的微生物的精美图纸被送到了英国皇家学会，尽管他们对这些图纸非常感兴趣，但是和通常情况一样，花了几年时间才克服了最初的怀疑态度。

列文虎克只用荷兰语写作，从来没
有学过外语。因此英国皇家学会必
须亲自把他的信件翻译成拉丁文或者
英文。尽管有这样的不足之处，但他的
显微镜如此出色，他的观察也非常精
确，使得他最终在这个领域处于实质上
的垄断地位。列文虎克因其出色的观察
结果，于1680年当选为英国皇家学会的
外籍会员。但是直到1723年他90岁去世，
也从来没有参加过他们的一次会议。

　　直到20世纪中叶，光学显微镜才占据了主导地位。到这个时期，光
学已经是一项非常成熟的技术，仪器中所使用的光学透镜已近乎完美。
然而，尽管技术很完善，但是光学显微镜和大多数显微镜一样，有一个
致命的弱点，被称为衍射极限。

　　想象一下，你想用显微镜测量一个很小的物体。如果你使用某一波
长的光，那么不管你怎么努力，你最多只能分辨那些尺寸和光的波长大
小相当的物体。这个极限是由德国物理学家恩斯特·阿贝（Ernst Abbe）
于1873年在理论上推导出来的。阿贝是德国光学公司卡尔·蔡司（Carl
Zeiss）的所有者之一，该公司至今仍在为健康和生命科学的研究制作显
微镜。他发现，一个特定波长 l 的光穿过光学系统，会产生一个具有一
个小特征的图像，总是会产生一个圆盘，直径 d 至少为：

$$d = \frac{l}{2r\sin\theta} \tag{7}$$

这里，r 是折射率，$\sin\theta$ 表示透镜的开口大小。在今天的光学系统中，
r 与 $\sin\theta$ 的乘积大约是1.5，这个乘积被称为数值孔径。由此可见，当物
体尺寸小于一个分数倍的波长时，在光学显微镜下是无法看到的。对于

大多数显微镜，这个尺寸的极限约为波长的三分之一。海森伯在他的一篇论文中，曾用到光学显微镜的衍射极限来论证他的不确定性关系是合理的极限。

可见光的波长在 500 纳米左右（约 380 ～ 780 纳米），因此人们只能在光学显微镜下看到大于 120 纳米的物体。人体内的细胞很容易在光学显微镜下被看到，就算是最小的精子细胞长度也能达到数个微米（1 微米 =1000 纳米）。相比之下，毛细胞是 30 ～ 40 微米，脂肪细胞则非常大，大约为 160 微米。然而，细菌只有 1 微米左右，这样看来，在光学显微镜下看到细菌的细节特征是很困难的。一个病毒可以小到 20 纳米，而在大多数情况下只有大于 400 纳米的病毒在光学显微镜下才是可见的。那么在这种情况下该怎么办？

有一个简单的方法和一个困难的方法。简单的方法是在 1933 年前后发现的，困难的方法发现得要晚一些，在 20 世纪 80 年代早期。1933 年左右，德国物理学家恩斯特·鲁斯卡（Ernst Ruska）与电气工程师马克斯·克诺尔（Max Knoll）一起搭建了第一台电子显微镜。电子显微镜的原理与光学显微镜相同，但它使用波长更短的电子来产生图像。电子和可见光一样，都是波，波长取决于能量。我们已经讨论过，马克斯·普朗克为了解释黑体辐射，不得不假定光波的能量取决于它的频率。在普朗克提出这个假说的 20 年后，法国物理学家路易斯·德布罗意提出，电子的波长也应该取决于能量，但是形式上稍有不同：他提出波长 l 等于普朗克常数与电子动量 p 之比，

$$l = \frac{h}{p} \qquad (8)$$

所以随着电子的动量和能量的增加，它的波长将会变得越来越短。为了对电子能量和速度有一个认识，我们举一个例子：一个波长为可见光波长（约为 500 纳米）的电子，速度为 4 马赫，即声速的 4 倍。然

而，这个速度对应的能量小于化学键能的千分之一，能量对应的温度是0.05 开尔文。电子速度非常快，只需要很少的能量就可以使其波长变得非常短。所以如果把一个化学键的能量，也就是大小相当于太阳光的能量，给一个电子，电子的波长将只有 1.2 纳米左右，这意味着你可以在这样的显微镜下清楚地看到所有的细菌和病毒。

实际的电子显微镜使用的电子能量更高，因此波长更短。鲁斯卡和克诺尔在 1933 年搭建的电子显微镜表明，第一个这样的原型可以达到比已有最好的光学显微镜更高的分辨率。随后，显微镜得到了迅速的改进和商业化。德国西门子公司早在 1939 年就开始出售显微镜。马克斯·克诺尔在 1969 年去世。恩斯特·鲁斯卡在 1986 年因电子显微镜获得了诺贝尔奖，而这距离显微镜的发明已经 50 多年了。巧合的是，1986 年也是另外两位物理学家被授予荣誉的一年，他们的成就是证明了另一种完全不同方法的显微镜的可行性，这是一种没有任何衍射极限的方法。

电子显微镜除了用物质代替光来使小物体可见外，还有一个更重要的不同之处。光学显微镜可以在大气中工作，因为可见光不会与空气中的分子相互作用，而电子显微镜的电子能量非常高，需要在真空环境中工作。真空指的是不包含物质的空间，有不同程度的真空。例如，你的吸尘器属于粗真空，它通常只能减少空气中大约 20% 的分子。这意味着在你的吸尘器中仍然有大量的空气分子。如果有人想到了阿伏伽德罗常数，那么在每立方厘米的这种真空中，分子数为 5×10^{23}，而不是 6×10^{23}。这对于电子显微镜来说，分子还是太多了。考虑一下电子显微镜对一个物体的影响，如果它是通过离子化的原子来成像，这些原子的能量是化学键的一千倍，则没有一个标本能在显微镜下存活下来。所以要求真空度必须大大提高。

顺便说一下，至少在 17 世纪之前，人们仍认为真空是不存在的。这个想法可以追溯到希腊哲学家亚里士多德，他认为自然界不喜欢真空。

他的理由，从本质上讲是，因为石头会落到地上，说明石头不喜欢真空。又因为石头是自然界的一部分，说明自然界本身就不喜欢真空。亚里士多德是正确的，正如我们所见，地球不包含真空。然而，亚里士多德不知道的是，地球的大部分体积都被电子填满。

在当今最好的显微镜里，每立方厘米只有大约 100 个分子，或者说比大气中的分子数减少了 21 个数量级。为了给你一个直观的概念，你可以认为这些分子的数目与地球上空 200 千米处围绕地球运动的卫星数相同。这个真空度已经相当好了，但还是不能与星系间的空间相比，在那里你能在一个立方米中遇到一个分子都算幸运。

科学家是如何实现超高真空的？通常，这需要非常特殊且非常昂贵的设备，以及极度的耐心。从它们的真空腔开始，这些真空腔由特殊的金属合金制成。通常来说金属合金会漏气，尤其是在外部压强相当大且内部真空的情况下。用于超高真空的真空腔一般采用不锈钢，并制成球形以承受外部的压力，而且配置了特殊的玻璃窗和全部由高规格金属制成的内部部件。真空是在大气中测量的。一个大气压包含大约 10^{23} 个空气分子。当今仪器的超高真空低于 10^{-10} 个大气压。即使这样，真空腔在被打开过以后，也必须加热数天以除去附着在腔体内壁上的分子。显微镜的所有部分都在真空腔中，通过特殊的样品传送窗口把样品送入或取出腔体。腔体内的气体由一系列的真空泵抽除。

第一台真空泵是由德国物理学家奥托·冯·居里克（Otto Von Guericke）发明的。他在 1654 年公开演示了，两个抽除空气的半球不能被两队马拉开。他所使用的是一个体积可变的腔体，可以在它的收缩状态下连接到两个半球，接着腔体会随着气体的涌入开始膨胀。一旦空腔完全膨胀，它与球体的连接就立刻被切断，被困在腔体内的空气释放到大气中。然而，这样的真空腔内每立方厘米仍有约 10^{18} 个分子，所以仍然是相当多的。对于剩下的气体，你可以使用玻耳兹曼统计。

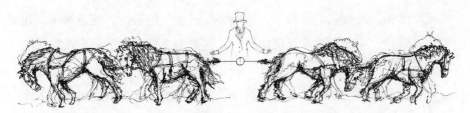

　　设想真空腔通过管道连接到第二个腔室。考虑到真空腔中有 10^{18} 个分子，每秒钟会有不少分子运动到第二个腔中。在这个腔中，分子要么被稠密的液体喷射到排气口，要么被捕获后保持在吸附基质中。无论是哪种方式，分子都不能回到第一个真空腔。现代超高真空腔配备了一系列不同的真空泵：泵的工作位置越接近超高真空部分，在给定时间内除去的分子就越少。这意味着，使用这些真空腔和这些显微镜工作的物理学家必须非常耐心，因为产生一个非常好的真空往往需要数周时间。每当有什么东西坏了，都需要重新开腔，然后再花上几个星期才能够恢复运作。电子显微镜能够很好地测量材料，因为它们可以分辨单个原子的位置。但它们的缺点是，用来给材料成像的电子的能量非常高。实际上，这意味着电子显微镜不能用来研究脆弱的结构或只需要很少能量的过程，因为电子的高能量会对它们造成严重破坏。不幸的是，这恰巧是所有化学和生物反应发生的能量范围。所以需要非常不同的方式，一种不会过多地干扰物理结构或原子排列的方式。德国人格尔德·宾尼希（Gerd Binnig）和瑞士物理学家海因里希·罗雷尔（Heinrich Rohrer）于 1981 年发明了这样一台符合要求的显微镜，它将彻底改变表面科学，以及我们对电子的性质和动力学的理解。

　　表面科学处理在表面或界面发生的一切事情。多年来，表面科学家已经发展了大量不同的方法来分析界面，实验中常常使用不同的技术来分析结构或过程的不同方面。最初，表面科学是化学的一个分支。法国化学家保罗·萨巴捷（Paul Sabatier）在 19 世纪时发现，如果在碳和氢的反应器里加入痕量的金属镍，就能够促进反应的进行。这是第一次利用非反应物，来促进化学反应的进行。这是怎么发生的？每个化学反应都分为几个步骤。

有机分子是以碳骨架为主干的分子。碳是生命体的主要元素，生命体非常擅长创造大量不同的有机分子。例如，我们体内的细胞可以被看作是一个相当繁忙的城市，有大量特定的有机分子不分昼夜地从事不同的工作。如果你想使一个有机分子与氢气发生反应，你首先必须将氢分子分解成两个氢原子。没有镍，要达到所需的能量是相当困难的。氢分子的结合能，也就是描述氢原子结合成分子所需要的能量，约为 4.5 电子伏特。可见光的能量低于 3 电子伏特。所以，你要么用紫外线，要么用另一个能量源来分解氢分子。然而，如果分子吸附在一块很小的镍晶体上，那么镍的电子能够把两个氢原子拉开。现在，我们知道几乎所有的化学反应都可以借助合适的金属来提高反应速率，这种金属被称为催化剂。化学中有一些标准的反应，如果我们知道应用正确的催化剂来驱动这些反应，就可以大大提高反应效率。这一直是化学中一个非常热门的领域，已经持续了相当一段时间，但经过这么多年，研究重点已经发生转变。最初的关注点是基本金属，然后是双金属甚至三金属。

在 20 世纪 70～80 年代，表面科学家已经开始研究表面的所有性质：它们的组成、原子排列、化学性质、材料特性，以及与它们发生相互作用的方式。他们用电子、氦原子和稀有气体离子轰击表面，将表面浸入氧气、氢气或有毒的环境中，比如含硫或氯的化合物。表面科学家从氦散射实验中得知，表面上的电子延伸到真空中 1 纳米左右。

宾尼希和罗雷尔想利用这一事实来测量表面。虽然这些实验在今天看来是常规实验，但在 20 世纪 80 年代，他们面临着相当大的挑战。首先需要一个能够来回扫描整个表面的探针，这个探针必须非常小，它的位置必须稳定在十分之一纳米内，探针必须测量表面电子产生的微小电流，而且它必须能够在一个持续高噪音和高振动的现代环境中工作。于是他们决定使用单个原子。

1936 年，德国物理学家埃尔温·米勒（Erwin Müller）发明了场发射显微镜。他把一根钨针接入一个电压为几千伏的电路中。作为对比，我们厨房里的电器工作电压为 220 伏（例如欧洲）或 110 伏（例如美国）。这个电压，以及它在一根非常锋利的针尖上产生的电场，足以把针尖上的单个原子打掉，然后将原子收集到荧光屏上。然后屏幕上会产生一个放大很多倍的针尖图像。在这些图像中可以发现，尖端有时仅包含几个或单个原子。将这样的针放置在电路中，并在金属表面和针之间施加一个适当的电压降，可以使表面电子密度从表面流向针尖，然后被放大和记录。但还有一个问题。虽然电流很小，但会随着针尖到表面距离的减小而急剧增加。针尖到表面的距离减小十分之一纳米，意味着电流增加到原来的十倍。

不过，这种显微镜中的电流本身很小。在这些实验中，通常电流的单位在纳安培级别，即 10^{-9} 安培。相比之下，搅拌机的工作电流大约为 1 安培。这意味着电流必须经过大幅度的放大才能被检测到。然而，电流大小只允许在一个非常小的范围内，否则放大器会被烧焦。事实上，显微镜工作的分辨率仅为 0.2 纳米或者说比原子直径还小。

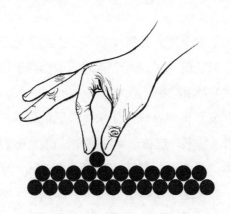

宾尼希和罗雷尔发现的解决方案是一个反馈回路：电流保持恒定，但从针尖到表面的距离由计算机控制，计算机对仪器中电流的变化反应非常迅速。在 1982 年瑞士《物理学报》（*Helvetica Physica Acta*）上的一篇文章中，他们展示了用新型显微镜扫描到的第一幅图像：可以看到单个硅原子电子特征的硅表面。虽然今天也可以通过电子显微镜得到这样高的分辨率，但在当时，这比其他科学家的任何图像分辨率都要高，而且可以做到不对表面加热而完成扫描。以往所有工作方式是使物体从表面反弹的显微镜，它们都会加热表面。这个新的显微镜——扫描探针显微镜，工作方式更像是用一只手来触摸表面，而不是拿一个球在表面反弹。

在接下来的 20 年里，仪器的灵敏度将提高大约一万倍，并且温度将可以降低到接近绝对零度，终于有可能做到人们一直梦寐以求的事情——真正地看到原子。如今，在众多物理、化学或生物学实验室中都有扫描探针显微镜。它们既可以像前面描述的那样测量电流，也可以稍加修改后测量受力，这是在 1986 年发明的。这些力学显微镜还可以测量绝缘材料，这使得它们成了分析大分子和细胞等生物结构的理想工具。可以毫不夸张地说，当今世界上有数以千计的显微镜。有一个有趣的类比，扫描探针显微镜在实验中的普遍性就像密度理论在理论模拟中的普遍性一样。

但这并不是故事的全部。显微镜在表面上测量的是电子密度。一旦仪器的精度达到了目前的水平，一个老问题又回到了议程的首位：这怎么可能与不确定性关系相符呢？

这个问题，在表面科学界一直存在，宾尼希和罗雷尔就这个问题也请教过一位理论物理学家。这位理论学家回答说，考虑到不确定性关系，他们的想法和仪器似乎不可能奏效。在接下来的某一章中，我们将反过来思考这个问题：如果这个仪器这么精确，那么在不确定性关系的问题上它告诉我们什么呢?

如今,表面科学由物理学和化学共享。研究表面科学的物理学家和化学家一样多。在过去的 20 年中,表面科学取得的巨大成功是由于一种特殊的工作方法,它包含了理论工作者和实验工作者之间的良好沟通。

通常情况下,实验结果将首先由实验者分析,以发现难以解释的问题,然后与理论学家讨论,以找出为什么会观察到这种特殊现象,以及某一特定过程是怎么发生的。这样做的好处是,如果理论模型给出了某一特征的具体原因,实验条件可以相应地做出调整。正是由于这种反馈机制,所以大多数国际研究小组都有一个联系紧密的理论支撑机构,这使得分析、共享和经验的学习都得到极大的加强。而对于一个问题,理论计算能否给出确切的数值结果也取决于现有的理论方法。

现在的密度理论就是这样做的,当今仪器所达到的精度水平通常意味着,对于某个问题只有一个正确的答案,而且只有一个可能的过程是特定实验现象出现的原因。

电子的驯服

唐纳德·艾格勒（Donald Eigler）是一位美国物理学家，他的家族起源可以追溯到奥地利的萨尔茨堡镇。2014 年，他因在纳米科学领域取得的成就获得了卡夫利奖，随后退休，与他的妻子和两条叫作"氖气"和"氩气"的狗，生活在一艘停靠在新西兰的游艇上。

诺曼·科利（J. Norman Collie），是伦敦学院大学有机化学专业的教授，据说他提出过两个主张：是他拍摄了第一张 X 光片，而且是他发现了氖气。第一个据我们所知是事实。

氖气和氩气都是惰性气体：它们的外壳层中有 8 个电子，不容易发生化学反应。例如，氩气被用于工业焊接过程，因为与可致金属腐蚀的氧气相反，它不会与金属发生反应。

艾格勒找到了一种方法，能够在表面物理中轻松地操纵电子，而且展示了能多么精确地对电子的物理性质进行实验。从某种意义上说，他证明了电子是物理波。他也否定了海森伯的不确定性原理，不是像理论学家那样找到一个巧妙的反例，而是像实验者所做的那样，用实验表明它实际上是无关紧要的。

另外值得注意的是，他并没有发表很多论文：Web of Science——学术界用来搜索已发表文章的搜索工具之一，对于他 30 年的职业生涯，总共只列出了 45 篇文章。而他的一些同行，在他们的工业科学研究中，一年所发表的文章数量就相当于他整个职业生涯所发表的数量。然而，艾格勒的几乎每一篇文章都在物理上有新的突破，每一篇都很精彩。所有在某个阶段与他一起工作过的科学家，都成了备受尊敬的全球知名学者，在一些顶尖的大学工作。那么艾格勒是如何驯服电子的呢？

物理学家和化学家们都知道，某些被称为贵金属的金属是惰性的，因为它们的原子最外层通常有 8 个电子，这使得它们与其他元素反应时相当不活跃。原因在于大多数反应的驱动因素是，单个原子要通过给出或接受电子，来使得它们的最外层电子数为 0，或者正好包含 8 个电子，使其满壳层。这对于较轻的元素来说是有效的。例如，水分子中有一个氧原子，它的最外层有 6 个电子，它与两个氢原子结合后，这两个氢原子都贡献了一个电子，使氧原子的最外层电子数达到 8 个。

金是一种贵金属，惰性非常强。然而，在金表面，有一个电子没有被束缚在金属晶格中，它可以自由地巡游。由于它被限制在表面上，所以通常被称为表面态电子。银，另一种贵金属，也具有表面态电子。在任何给定的时间，这样的电子都不是惰性的，而是以一定的速度来回运动，这是由于它的动能。艾格勒的问题是，如何显示电子在表面上做了什么。他有两点具体考虑。

第一个问题是热能。

在室温下，金属表面是相当活跃的，原子上下跳动，在真空中沿着表面滚动，难以精确测量。如果想要获得精确的测量结果，就必须冻结原子的热运动。这个温度远低于金属冷凝点。例如，银在 961℃以上是液体，这大约是 1234 开尔文。在室温下银是固体，但它的表面仍然是高度运动的，原子的扩散和振动使得无法给出其电子结构的非常精确的图像。通常，扫描探针显微镜必须冷却到液态氦的温度，大约 4 开尔文，以研究电子效应。这项技术是在 20 世纪 80 年代后期发展的，而艾格勒在美国加州阿尔玛登研究中心的显微镜可以在这个温度下工作。

在 19 世纪晚期，苏格兰物理学家兼化学家詹姆斯·杜瓦（James Dewar）发明了一种将气体冷却至液态的技术。液态氧在第二次世界大战中被用来给德国的 V2 火箭提供动力，液态氧和液态氢为美国 1969 年登月的土星 5 号巨型火箭提供了动力。大多数现代表面物理实验室，都有从实验中回收液态氦的设备。正常的氦气通常需要冷却到大约 4 开尔文，它的同位素氦-3，非常昂贵，被用于稀释制冷机来使仪器的工作温度降至 0.4 开尔文以下。杜瓦还发明了杜瓦瓶或保温瓶。然而，他没有申请相关专利。因此，除英国以外，其他地方的人都不知道什么是杜瓦瓶，但每个人都能认出膳魔师保温瓶（该公司生产并销售了第一个保温瓶）。

艾格勒面对的第二个问题是动力学。

即使是在很低的温度下，电子的运动速度也非常快，而扫描探针显微镜的扫描速度非常慢，通常需要几秒钟到几分钟的时间来扫描一个 100 纳米 ×100 纳米的区域。这也是钦佩这个领域实验工作者的另一个原因，他们的实验需要花费几周甚至几个月的时间才能完成。所以人们在密度图像中看到的是，电子在表面上运动的模糊记录，因为在 4 开尔文下，电子的速度，仅考虑它的热能将是 60 马赫（1 马赫≈340.3 米/秒），这大约是把宇航员送上月球的土星 5 号运载火箭速度的两倍。要使它们放慢运动速度是不可能的，但有可能限制它们的运动。

艾格勒和他的团队完善了在表面上处理单个原子的技术。他们在 1989 年首次展示，利用 35 个氙原子在金表面拼写出了他们雇主的名字——IBM。氙气是另一种惰性气体，它主要用作空间卫星离子推进系统的燃料。1993 年，他们利用显微镜的针尖，对单个银原子进行操控，在银表面摆出了一个银原子的圆圈。完成这项任务需要数天时间，但是他们所看到的却是不同的。

　　如果你把一块石头扔进一个小池塘里，你会看到泛起的波纹沿着水面传播，也会看到这些波纹如何在池塘的岸边反射。想象一下，如果池塘变得越来越小，扔进去石头越来越多，这时会有一个从池塘的中间不断扩大的波纹，也就是石头扔进去的位置，而从岸边不断反射回来的波纹会与这些扩大的波纹相遇。如果你这样做了，就会看到艾格勒研究团队所看到的现象。

　　表面电子在它的围栏内来回反射，形成了一个驻波，这恰好显示了表面电子的波长是多少，同时表明密度本身是一个波。就像我之前所说的，如果你真的可以测量密度，就很难证明它不存在。如果这些波的性质可以用密度来衡量的话，那么同样难以论证波动性不是真实空间中的性质。从这个意义上说，电子密度，以及自由电子的波动性，是比玻尔兹曼原子更适合、更成熟的物理概念。表面电子是二维的自由电子，这在它们的色散关系中很明显，色散关系是描述波长和能量关系的专业术语。在二维中，电子显示了德布罗意提出的自由电子的行为。

当艾格勒第一次向一群表面物理学家展示他的研究结果时，他对此表示了歉意，因为他的演讲似乎有点脱离了这次会议的主题。他说他的研究组已经做了一些实验，这些实验也许会与他的受人尊敬的同行们正在讨论的事情相关。

艾格勒，实际上是一个很有风度，甚至有点害羞的人。然后，他继续展示他所做的事情。实际上，他构建了一个围栏，将表面电子限制在一个特定的区域，在这个围栏内，电子显示出波的性质，不仅在它的波函数上，也体现在它的密度，这就是测量中可以操控的物理量。为了认识到这些成就的重要性，我们必须追溯到 20 世纪 20 年代，首次发现电子波动性的方式。

第一次确定电子具有波动性的实验，是戴维孙和革末在镍表面上进行的实验。他们使用了电子枪，一种阴极装置，它提供了一个稳定的电子束流，电子从表面反弹回来后被探测器收集，在探测器上显示了镍原子在表面的位置。电子枪发射出高能量密度的电子束流，撞击在表面上，电子的波动性只能通过探测器中的电子和电子与金属表面相互作用的重构来推断。这是一种非常间接地证明电子具有波动性的方法。

相比之下，艾格勒和他研究团队在实验中，利用从表面到仪器钨针尖的微小电流，精确地定位了围栏内电子密度的波峰和波谷。这直接显示了真实空间中银原子围栏内的密度波。这次测量结果最显著的特征是，它通过在表面产生电子驻波来使密度在时间上冻结。这是人们第一次真正地看到电子的波动性，不是作为一个理论概念，也不是人为解释原子排布的前提条件，而是在现实生活中。

量子围栏和电子驻波的图像立即成为纳米科学最新发展领域的标志性图像之一，因为它首次展示了物理学实际上能做些什么，也许它能够利用单个原子像搭积木一样来构造材料。这表明了人们可以从根本上改变材料的性质。有趣的是，现在新材料的研发已经是一门成熟的科学，并逐渐成为我们最先进技术的一部分。然而，从根本上说，这项技术又回到了操纵原子和在单原子尺度上控制化学反应的能力。

　　艾格勒研究组在美国加州阿尔玛登研究中心使用的仪器主要是由他们自己开发的，由于仪器的稳定性，他们在原子操纵方面实际上垄断了大约十年。十年对于物理学来说，就像其他科学一样，是很长一段时间，这表明他们已大大领先于别的研究组。可以说，直到2000年，这个实验室都是表面物理学最好的实验室。他们这篇论证表面电子波动性的文章发表于1993年。1998年，这个研究组发现，通过金属原子的小电流可能导致电子自旋的改变；2000年，他们证明了，在一个椭圆的量子围栏中，处于椭圆某个焦点上的原子的磁性会通过电子波的反射，进入另一个焦点，从而发生磁性转移。这是电子在金属表面协作的一个很好的例子。

　　类似的实验已经被世界各地的许多研究组重复。他们曾在金表面、银表面和铜表面做过。这三种金属都具有表面电子，表面电子可以被困在一个围栏内并显示其密度波。虽然通常只能看到电子波，但有时也可能同时看到电子波和表面原子的位置。这是可能的，因为原子上的电子密度要稍高于原子之间的电子密度。

　　如果有人以这些实验测量为基础，分析相关的统计数据，不确定性关系就会开始显得不合时宜。人们可以说，这是另一个年代的量子物理学。我们很快就会讨论这个问题。首先讨论一下，电子在认真协作时可以做的一些事情。

　　据我所知，艾格勒也是第一位意识到电子的粒子模型已经过时的物理学家，他在 2002 年的时候说：

　　我不相信这个波粒二象性。我认为，它只是粒子学说的遗留物，这主要是由于最初我们用粒子的方式来解释世界，然后由于量子革命，被迫开始用波的方式来思考世界。连想都不要想它们会是粒子。电子是波。如果你把它们看作波，你总会得到正确的答案，总会。

19

多电子真棒

在原子、分子和固体的层面上，电子共同工作。这就是为什么物质世界如此多样化，为什么生命是可能的主要原因之一。让我们从生物链顶端的人类开始说。我们人类生活的环境，从化学的角度来看，是不稳定的。这主要是因为氧气。

氧气是一种化学性质较活泼的物质，能与很多物质发生化学反应，具有氧化性。大气中大约有 21% 是氧气。正是这种含氧量，使人类的生存成为可能。考虑到我们的大脑每天消耗的能量占全身消耗能量的约四分之一，而机体产生能量的过程是需要氧气参与的，大气中的氧气含量减少会使我们无法保持思考。所以你可以说，氧气让我们保持"聪明"。然而，如果你仔细观察从空气中获取氧气，然后通过血液传送给我们细胞的过程，是非常微妙的。

氧气能够被不停运输的基础是血液里一种叫作血红蛋白的分子，它的运输机理本质上是氧气与血红蛋白中有很多附加"拉杆"和"把手"的铁原子相结合。氧气喜欢铁。我们都知道铁器遇到氧气就会生锈，原因是铁和氧之间的化学键非常强。但在人体血液里，这里有一个微妙之处。

    人体工作的温度必须低于 40℃（如果一个人的体温达到 43℃，那他就死了）。还记得玻尔兹曼吗，这样的环境并没有包含多少能量。所以地球上的生命基于氧气，生命体必须找到一种方法，来使铁吸引氧气（这就是当血红蛋白分子与氧气接触时，发生在你肺部的情况），但也必须找到一种方法，使氧和铁之间的连键很弱，以便在 40℃ 以下进行操作。这就是血红蛋白所有附加结构的作用。它们恰当地分散了铁原子的电子电荷，使得氧气可以很容易地在人类细胞末端附着和卸下。在这里，会由其他分子接管并使用氧气来燃烧糖分，这将给你提供每天生活所需的能量。

    如果说人体已经很聪明了，那植物的表现就更加令人印象深刻了。植物通过一种叫作叶绿素的分子从阳光中产生能量。如果光照射到该分子上，它就会产生一个自由的电子，也就是说，它将分子的电子提升到更高的能量，在那里它可以被运输。电子离开的地方叫作一个空穴。现在对叶绿素的一个棘手的问题是确保光激发产生的自由电子不会回到原先的位置与空穴复合，因为电子与空穴复合将会重返原先（吸收光之前）的状态。因此，叶绿素有一个特殊结构，以确保自由电子能尽快地离开。叶绿素分子含有一层卟啉环的"头部"（用于光吸收）和一层叶绿醇的"尾巴"（具有亲脂性）。电子可以瞬间通过这两层，消失了。我们现在认为，叶绿素扭动的方式在这个过程中起着核心的作用。之后，电子和空穴在不同的路径上穿过分子，直到它们被用于产生糖的化学反应。糖是植物的燃料，它们或者被使用，或者被储存起来用于以后。真正令人惊叹的是植物能如此高效地做到这一点。

    对于每一个撞击植物的光子，都会产生一个自由电子，之后可以用于反应。产生的电子数与入射光子数的比率称为量子效率。对于我们星球上的光合作用，量子效率大致接近于 1，所以真的是非常高效。植物的光合作用还有另一个重要的作用。当人类吸入氧气并呼出二氧化碳时，植物会将二氧化碳和水转化为碳水化合物和氧气，使人类和其他动物能够生存。

你可能会想，电子是怎么做到这一切的？本质上说，是因为每个电子都知道其他电子在做什么。这里的知识有点抽象，因为电子获知发生了什么的唯一方式是通过与其环境相互作用的场：原子核、其他电子，以及撞击它的电磁场。但在多电子系统中，这些相互作用记录了物理系统的所有重要因素，并为正在发生的事情提供了一幅相当全面的图像。我们已经讨论过电子的相互作用，原子核之间的排斥力，原子核和电子的吸引力，以及电子电荷之间的排斥力。这些都是无聊的部分，有趣的部分是，通常一个系统中有许多许多的电子。

当我在利物浦大学教授《磁学》时，我问了我的学生以下问题。我说，你们知道，每个电子都有自旋，每个原子都有许多电子。我们知道118 个元素中有 91 个是金属，那么为什么其中只有三个元素，它们是磁性的？这是真的，正常情况下只有铁、钴、镍三个元素是磁性的。那么为什么不是其他元素？

事实上，电子很擅长感知其他电子的自旋。在金属中，它们通常有足够的自由来对此做出反应，最常见的反应是它们针对其他电子的自旋对自己的自旋进行调整，从而削弱磁场。只要它们能做到这点，就会产生一种没有磁场的金属，因为金属中所有自旋都抵消了。只有一种情况，它们无法避免金属中存在磁场，这就是当它们可以利用磁场来获得能量的时候。

本质上是这样的。在金属中，两种自旋方向的电子数大致是相同的。如果没有磁场，它们就会保持原状。然而，如果有一个磁场，那么一些电子会自发地将它们的自旋方向转换为磁场方向。这将有两个作用：这些电子降低了它们的能量，而金属中的磁场会变得更强。这是一种自发的过程，只要当金属的温度低于一种称为居里温度的特定温度。这个名字来自于法国物理学家皮埃尔·居里（Pierre Curie）。然而，每种金属都有一个非常好的调节机制，它涉及密度、金属电子的能量，以及它们的相互作用，这个调节机制支配着这些过程。

令人惊讶的是，只剩下了三种元素，其余元素的都调节得刚刚好。所有其他金属都没有自发的磁性。然而，它们在磁场中可以有磁性。在这个过程中，能量是很重要的，迄今为止我们还没有涉及，它是多电子系统中缺失的能量分量之一。另一个能量分量则可以将一只壁虎保持在墙上。

如果钴、铁、镍被加热，它们会在某个温度下失去磁性。也就是居里温度，镍的居里温度为 631 开尔文，铁为 1043 开尔文，钴为 1400 开尔文。如果热能变得可以与电子和材料内磁场相互作用所包含的能量相比拟，就会造成电子自旋方向随机排列，则磁有序就会被破坏。这是一个相当大的能量，如果你仔细想想，这与磁场力相关，而磁场力通常比电场力要弱得多。那么到底发生了什么？

本质上，电子的电荷和电子的自旋共同产生了最强的键，这也是电子能量处于最低时的情况。那么磁体将是最稳定的。这是多电子系统中出现的附加能量组成之一。由于所包含的能量密度相当高，而且从一个原子到下一个原子的距离相当小，所以能量将相当大。由于历史原因，这种能量被称为交换能。

在仍没有被密度理论完全清除的波函数的图像中，这个能量是由描述电子不同性质的波函数相乘产生的，在这里可以看作将具有性质 1 的一个电子交换为具有性质 2 的一个电子。由于这改变了系统的能量，所以可以将一个能量分量与其关联。在实际中，能量取决于密度，而密度可以通过现代计算机代码计算出来。

在密度图像中，是材料中电子自旋和电子电荷密度的相互作用决定了这个能量的大小。在固体的层面上，这是与电子或原子核电荷无关的最重要的能量分量。所以如果空间中有一个磁场，则材料就会具有磁性，这是由单个电子的自旋密度决定的。

第二个能量分量要更容易解释，因为它与电子的运动以及运动的协作相关。电子总是在运动，即使是在很低的温度下。因为它们总是处于运动中，通常会涉及振荡，而振荡发射出的电磁场可以穿透材料。有了这个，它们就可以将运动信号传递给材料中的其他电子。如果其他电子通过场中传递来的运动信号来调整它们的运动，就可以获得一点能量。

最终效应是材料中的所有电子以一种协同的方式运动，凝聚态物理学家称之为"协同运动关联性"。与关联性相关的力被化学家称为色散力，而在物理上是范德瓦耳斯力的一部分，以荷兰物理学家约翰内斯·迪德里克·范德瓦耳斯（Johannes Diderik van der Walls）的名字命名。这种力是现实世界中最常见的力。即使它在单个电子或原子的尺度上较弱，但它在材料中的累积是相当强的，因为系统中所有电子都会参与其中。这就是这种力能将壁虎保持在墙上的原因。

范德瓦耳斯力是一种短程力。普通的电学力或引力与距离的平方成反比，而范德瓦耳斯力的大小与距离的六次方成反比。然而，每一个原子都会对受力做出贡献，只要足够接近于与它发生相互作用的原子。这就是产生进化的原因。

壁虎的脚有一种非常特殊的脚趾排列方式，脚趾和脚的表面有一种非常特殊的结构。首先与壁虎的体型相比，它们的脚非常大。其次，他们的脚趾有特殊的蹼，这确保了实际与墙接触的脚趾表面面积最大化。

这种脚趾排列方式很可能是随着时间的推移而演化出来的，因为它使壁虎成了唯一能够在玻璃窗上快速爬行的动物。生物学家还可以在壁虎的进化过程中，多次追溯到这种能力的出现和消失。然而，只有非常聪明的研究多电子物理学家才能在原子层面做到类似的效果。同样的方法不能适用于人类：我们太重，而我们的脚太小。

我主要讨论了多电子系统的基础知识。

将化学中各种元素混合在一起，它们组合的变化和多样性几乎是无穷的。其中的一部分，有机化学，关联地球上的所有生命。

然而，有机化学过程也可以归结为蕴含三种不同的能量：库仑能、交换能和关联能。从根本上讲，这是密度理论成功的秘诀。所有这些能量都可以计算出来，它们相加得到的最小值可以用来描述整个系统的密度，所有这些物理量都存在于真实空间中。真的很棒！

20

不确定性的陨落

1988 年，日本物理学家小泽正直（Ozawa Masanao）发现，不确定性关系可能被测量质量的位置所违背。两次测量位置将会导致精度比量子力学所允许的略高。这对于大多数标准来说是一个相当小的违规行为，它可以通过对所涉及的常量进行微小改变来纠正。

然而在 2012 年，研究表明，不确定性关系的违反可能多达两个数量级：某些实验的精度是不确定性关系所允许的 100 倍。这说明了点状电子模型的结束，以及一个基于密度的新物理框架的开端，而且仅仅是密度。这是怎么发生的呢？

在扫描探针显微镜实验中，用于扫描表面的仪器针尖的大部分区域只有单个原子。通过反馈回路，当电流增加或减小时，会调整针尖与表面的距离，使电流保持恒定。电流与表面上的电子电荷密度成正比。

从理论上讲，我们可以从表面的密度和显微镜的针尖来计算电流。在大多数的实验扫描中，科学家们注意到在扫描过程中，针尖不变。在这种情况下，你可以假设针尖尖端的电子密度是恒定的，然后测量结果只显示表面密度。在非常高分辨率的实验中，显微镜尖端的末端是一个单独的原子或分子，这使得尖端的位置与表面电子密度的关系非常明确。电流测量是测量表面的电子密度。

在 21 世纪初，实验人员极大地提高了仪器的精度。他们使用液氦将表面冷却到 4 开尔文左右，消除了原子的大部分热扰动，从而可以获得更高的表面密度分辨率。他们还改进了放大器和反馈回路中的电子器件，因此他们可以用更高的精度来记录电流的变化。

另一个重要的改进是定位装置的精度，它是一个压电晶体。压电晶体是一种可以通过电场来使其变形的晶体的统称。由于变形非常小（在原子直径范围内），而且变化非常快（在微秒范围内），压电晶体从一开始就被用于扫描探针显微镜针尖的定位。最后，通过主动式减振器和被动式减振器，消除了振动。

从 2008 年开始，这些仪器的性能已经非常完善，它们可以测量金属表面上各种特征的能量值，其精度可以达到万分之一个电子伏；也可以测量针尖的位置，垂直精度小于原子直径的千分之二，横向分辨率约为原子直径的十分之一，而且样品表面可以在有些仪器中保持稳定好几天。

为了开始我们的分析，假设我们测量位于平整的金属表面上的单个原子。这个表面密集地堆满了原子，表面上的单个原子位于原子之间的空隙处。由于原子间的空隙不是很深，所以单个原子的高度明显高于其他表面原子，其接触点取决于大约为原子直径的三分之二处表面的取向。在扫描探针显微镜中，这样的一个原子会显示为一个凸起，它在表面上的直径约为 1 纳米，高度约为 0.1～0.2 纳米。如果我们测量这样的一个原子，我们可能会问，我们所测量的密度究竟来自哪里。这里有两种选择。

第一种选择是密度就在我们看到它的地方。然后我们必须得出结论，密度是真实的，电子不是一个点而是一个延伸的结构。第二种选择是，电子是一个点，那么我们所测量的密度必须是表面上大量点状电子的统计结果。我们该如何选择？可以利用不确定性关系。

不确定性关系告诉我们的是，位置和动量乘积的不确定性大于普朗克常数。动量与能量相关。如果我有一个可能的最大的能量，那么在我的测量中，动量的最大的不确定性就被限定了。举例说明，比如对于银表面，我们在实验中主要测量的是表面电子，它们的动能非常小。

我们怎么知道它是表面电子？我们可以在测量中查看不同能量范围内的电流。表面电子在这些测量中有一个非常明显的特征，显示出测量到的大部分密度都来自于它们。也可以单独计算表面区域的密度，我们发现这个区域所有密度有 60% 以上都来自于表面电子。这种电子的能量不到 0.1 电子伏。

由此我们可以得出结论，其动量不能大于某个值。由于动量不能大于某个特定的值，动量的不确定性也被限定。假设不确定性关系是有效的，且动量和位置不确定性正好处于极限，我们就可以计算出位置的不确定性。结果是 0.3 纳米。

在这种情况下，位置的不确定性将大于原子直径。这意味着什么呢？回到我们在银表面上单个原子的例子，我们现在可以想象这种情况下会发生什么。然后我们不仅要测量看到它的位置的密度，还要测量表面的其他点处的密度，也就是点状电子在我们测量过程中可能的位置。

你可以在理论上计算出，这对原子高度的测量意味着什么。它将不能超过大约 10 皮米，或者说比我们实际测量的值低一个数量级。在这里，我们发现不确定性关系，从表面上看，会使我们的高度测量的精度是所允许极限的大约 10 倍。如果不确定性关系是有效的，则我们的测量结果比它们所允许的精度要高得多。这表明它们是不对的。

如果我们用扫描探针显微镜进行一次完全合理的测量，并利用不确定性关系在数值上模拟测量的结果，我们将会发现一个更严重的违规行为。假设我们测量了表面上 30 皮米高处的一些电子的特征，再假定我们可以用当前仪器的精度来进行测量，则我们的测量精度大约为 0.1 皮米。如果我们假定这次测量是针对表面某个特定位置处的一个电子，那么特征高度和精度告诉我们，在测量中将有 99.7% 的概率在那个位置发现电子。然而，99.7% 并不是一个任意的数字。它在统计学上具有非常特殊的含义。

如果你测量一些数值，在这个例子中测量的是电子在表面的位置，那么你通常会得到测量值的一种分布。你会得到一个经常在测量中出现的值，和其他不那么频繁出现的值。从数学上来看，测量值最可能的分布是一个特殊的数学函数，称为高斯分布。它可以追溯到德国数学家卡尔·弗里德里希·高斯（Carl Friedrich Gauss）。

高斯分布是一个指数函数，在某个特定点处有最大值，随着与这个点距离的增加呈指数递减。它递减的方式通过一个称为标准差的值来描述。如果包含高斯分布中的所有可能值的 99.7%，那么大多数数值分布在距离平均值 3 个标准差之内的范围。扫描探针显微镜的横向分辨率大约为 20 皮米，也就是表面密度的二维图像上单个像素点的大小。现在，如果电子位置的测量结果有 99.7% 的都落在同一个像素点上，那么这意味着标准偏差的值必须小于约 3 皮米，或 0.003 纳米。然而，正如我们之前已经证明的，电子所能拥有的唯一能量是表面电子的动能，它小于 0.1 电子伏。我们以前计算过，这对位置的不确定性意味着什么，它应该等于位置测量中的标准差，我们发现它为 0.3 纳米。

因此，如果不确定性关系是有效的，理论上应当观测到的标准差就应该是实际观测到的量的标准差的百分之一。实验结果违反了不确定关系，并且已经违反了相当一段时间，它是不确定性关系所允许精度的 100 倍。如果量子力学最具代表性的这个表述是正确的，那么实验的精度是所允许精度的 100 倍。由此可见，它是错误的。

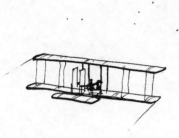

　　这让我感到惊讶吗？并没有。不确定性关系一直都存在一个有效范围，因为它认为我们不知道在原子尺度上会发生什么。这在 20 世纪初期是可行的，但在 21 世纪，它相当令人失望。毕竟，在过去的 40 年里，量子物理学所做的是，清除我们分析小尺度过程的所有障碍。值得一提的是，纳米科学的主要亮点——它使我们在单原子层面上实现自下而上的构造材料——已经在 30 年前发生了。

　　如果不是现在我们可以详细了解在这个尺度上发生了什么，我们将永远都意识不到这一点。所以，总的来说，这对于科学实际上是个好消息。甚至对于数学家来说这也是个好消息，一旦他们意识到那些可以被正式证明的事情仍然有可能是错误的。

21

空间的恢复

　　矢量，还记得吗，是空间中的小箭头。让我来解释一下它们是如何工作的。在空间中，你可以有三个方向：让我们把它们叫作向右、向前、向上。这三个方向就是数学家所说的矢量的三个分量。每个分量都是一个数字，你能想到任何的数字。为了表示某个方向，你只需要选择正确的数字。

　　例如，如果矢量指向右方，那么第一个分量，通常写成 x，是一个类似 1 或 1.5 的数字。在这个例子中，第二个分量，称为 y，它指向前方，为零，第三个分量叫作 z，指向上方，为零。考虑到数字可以为正也可以为负，因此矢量可以指向你选择的任何方向。矢量是物理学中描述所发生事情的基本工具。

　　如果一辆汽车在运动，在给定时刻，汽车的运动将是一个矢量，可以用来表示速度，或者动量，即汽车的速度乘以质量。物理学中的方程通常表示不同物理对象的不同矢量之间的关系。如果一块石头从塔上掉落——这是伽利略在比萨斜塔上做的一个实验，那么这块石头会有一个速度（一个矢量），它还有一个质量（一个数字），还有一个加速度

（同样是一个矢量）。事实证明，加速度是由于地球的引力，这也是一个矢量。

由于矢量是如此重要，它们经常需要相加、相减或者相乘，这也是它们有趣的地方。数字只能以一种特定的方式相乘，然后给出另一个数字。但是空间中的矢量相乘，结果可以是一个数字，也可以是一个矢量。

结果为数字的操作是很容易的，只需要把所有分量的乘积相加，得到三个数之和。

而结果为矢量的操作并不简单，它需要一个相当烦琐的过程，来将这两个矢量的分量相乘、相加和相减。空间中两个矢量的叉乘总是会得到另一个矢量，它与两个原始矢量垂直。假设有一个矢量 1 指向右侧，矢量 2 指向前方，则它们的叉乘指向上方。这里有一个有点复杂的问题，到 1843 年爱尔兰数学家威廉·哈密顿（William Hamilton）才找到了解决的办法。故事是这样开始的，哈密顿和他的妻子走过都柏林的布鲁厄姆大桥，他灵光一现，开始在布鲁厄姆大桥的石头上划着公式，完全忘了妻子的存在。

这个有点复杂的问题是这样的。如果你的空间有三个维度（向右，向前，向上），你总能找到一个与两个矢量相垂直的矢量；如果你只有两个维度（向右，向前），你将无法找到这个矢量，因为垂直矢量不再在你的两个维度里：它在由向右和向前的两个基本矢量描述的平面之外。事实证明，这不只是两个维度（一个平面）下会面临的问题，对于其他任何维度也会遇到这个问题，除了三维。

从数学的角度来看，这是一个非常尴尬的情形，因为相当复杂的矢量积似乎不够重要或者说不够基本，无法在所有的维度下有效。可以说，这是一个三维的怪胎。数学家不喜欢他们学科里的怪胎。这个问题的解决方法，将使我们直接回到第一部分介绍的泡利矩阵。

　　那么哈密顿发现了什么？他实际上是从一个有点不同的问题开始着手的。在数学中，我们有四种处理对象的基本方法：可以将它们相加，可以将它们相减，可以将它们相乘或相除。这些都适用于数字。但是哈密顿想，我该如何使矢量相除？这在三维空间中是无法进行的。所以他发明了一个空间，在这个空间中他可以实现。这个空间有四个维度，由四元数填充。现在我们已经听说过相对论，有人可能会想，哈密顿发明的四维空间和爱因斯坦用来在质量周围产生时空弯曲的是同一个空间。不是这样的。

　　第四个维度并不是一个维度，而是不同的东西。哈密顿这个发明的深刻之处在于，他认为所有两个矢量的乘积都具有：矢量属性和数字属性。在上面的例子中，我人为地将它们分成了两种不同的乘积。这是可行的，但只是在三维空间中。在更少或更多的维度上它都将失效，即使在三维空间中也是不太合适的。

处理这个问题的一种更简洁的方法是，将所有的矢量计算基于同一个基础：一个空间，在这个空间中可以将标量积和矢量积相加为一个更通用的积，现在称为几何积。如果你看一下具体的例子，就可以马上看到它是如何起作用的。

如果两个矢量是平行的，那么标量积将给出矢量长度的乘积。如果这两个矢量是垂直的，那么标量积就为零。例如，将矢量（1，0，0）分别与（1，0，0）和（0，1，0）相乘。在第一个例子中，结果为1，第二个例子结果为0。但是，如果现在将两个平行的矢量进行矢量乘法，你会得到一个所有分量都为0的矢量；而在第二个例子中，你会得到一个完全垂直的矢量。对于所有中间的情况，也就是几何代数，两种积都会存在。

到1865年哈密顿去世以后，四元数在爱尔兰的大学中成为强制性的学习内容，然后它被大部分人遗忘了，但随后在几何代数中以略微不同的形式出现。现在它无处不在的原因是，它被用于描述游戏产业中的旋转，从数值上来说，这是一种最稳定的描述方法。这也是量子力学对它感兴趣的原因。还记得吗，我们被困住的问题是，自旋需要成为一个矢量才能与磁场相互作用，但它又不能是一个矢量，因为磁铁的不同取向会产生不同的结果。

泡利认为他已经用一个叫作泡利矩阵的巧妙的数学技巧解决了这个问题，但事实上，他并没有解决这个问题，只是把它隐藏在数学形式中。在标准图像中，这些矩阵与矢量或磁场有什么关系还不清楚。事实上，泡利矩阵描述了旋转。同样的旋转在几何代数中由矢量的几何乘积来描述：

$$e_j e_k = e_j \cdot e_k + \mathrm{i}\varepsilon_{jkl} e_l \qquad （9）$$

其中，e 代表三个方向上的矢量。下标 j、k、l，可以取从1到3的任意整数值，表示方向：1是向右，2是向前，3是向上。i是虚数单位，点代表标量积。你可能不知道的是希腊字母 ε：它是一个三维矩阵，它的值为 0（如果至少有两个下标相等），或者为 1 或 –1（如果所有下标都不相同，取决于它们的排列顺序）。

这个等式本质上是说，对于左边所有矢量的组合，你都将得到一个数字和一个右边的矢量，这个矢量垂直于左边的两个矢量，但这个矢量分量是虚部。这个等式对矢量是成立的。然而，我们可以用泡利矩阵代替矢量，写出完全相同的等式。这告诉我们，泡利矩阵在描述自旋测量中起着关键作用，它可以描述旋转。从这里，可以很容易理解量子力学所面临的困境，当它试图将自旋定义为一个矢量时，是由于忽略了自旋方向在测量中变化的可能性。但是如果它发生旋转，方向就会改变。这和几何代数给出的图像是一致的。

泡利矩阵本质上已经过时了，因为有更好的方法来描述实际发生的事情。

让我们来看看法国物理学家阿兰·阿斯佩在 1999 年发现的令人苦恼的测量结果，他写道：

违反了贝尔不等式，在所选择的测量之间存在严格的相对论隔离，这意味着无法再保持爱因斯坦的相对论图像，在这个图像下相关性是由共同来源决定的共同属性解释的，随后由光子携带。我们必须得出结论，EPR 纠缠光子对是一个不可分割的对象；也就是说，不可能将个体的局域属性（局域物理实在）分配给每个光子。从某种意义上说，这两个光子通过空间和时间保持联系。

这两个光子看起来似乎很浪漫。但是，现在我们将看到这是无稽之谈。为了能更好地理解，让我稍微解释一下，当物理学家执行这些测量时，他们实际测量的是什么。他们有两个光子，来自于同一个光源，分别向左和向右运动，在最简单的图像中，垂直于它们的运动方向的电磁场，会具有一定的取向。

你不知道这个取向，因为它们来自于一个取向随机的光源。但是，你知道第一个光子和第二个光子的磁场取向存在一个特定的夹角。当你测量这些光子的时候，你通常会把所谓的波片放在它们的路径上。这是一种用来旋转光子的场的装置。你也可以使用更巧妙的装置，利用一种势来改变场的方向，从而能够以连续的方式进行，但这并不重要。重要的是在旋转之后，你选择了光子。如果它们的场的取向超过一定的角度，它们就会通过；如果小于这个角度，就无法通过。

物理学家要做的第一件事就是检查他在两个测量点的随机光子样本，检测装置叫作偏振器。这时测量点 A 的物理学家在他的实验日志里记录，从光源发出的光子是否通过。然后他调整了检测装置，直到有 50% 的光子通过，50% 不通过。我省略了一个不重要的技术问题，即你通常不会得到刚好一半通过。这引起了物理学界的一些的兴趣，并发表了大约 500 篇相关的文章，但这并不是真正的问题所在，只会分散你的注意力。现在他知道在每个偏振器上都有一个完全随机的偏振光子样本。接下来他要做的就是打电话给他河那边或另一个山顶上的同事，通知他，正式的测量即将开始。

然后所有的通信方式都被关闭了，这两位物理学家都记录了从光源发出的每一对光子，无论它到达的是测量点 A 还是测量点 B。两个测量点的列表如下所示：

A：101001011011100101101010110111010101110001010101101010101110101011

B：010110100100011010010101001000101010001110101010010101001010101010101100

如果两个光子的偏振正好相差 90 度，就会得到这个结果。现在你怎么来理解他们的测量呢？要点在于旋转。如果你用几何代数来旋转光子电磁场的矢量，就会生成一个复数。

A 处的旋转产生一个复数，B 处的旋转产生另一个复数。把这两个旋转结合起来，也就是在数学上将这两个旋转相乘，你会得到第三个复数。这与实验的联系非常简单。如果你做一个单独的实验，旋转之后仍然具有和从光源发出时相同的原始取向，它是随机的。所以基于这次旋转的测量，也将是随机的。这对于偏振器 A 和 B 都适用。但如果你同时进行测量，那么你测量的是两个旋转的效应。在这种情况下，光子对从光源发出时携带的原始的随机的取向，就丢失了。所以你在 A 处测量的结果与你在 B 处测量的结果正好相反。

没有办法在数学上用约翰·贝尔推导他不等式的方法来处理这个问题。两个旋转相乘总是会得到一个复数，它永远都无法写成两个正数的乘积。贝尔是错误的，他的不等式与测量是否为局域的无关，而这个问题的解决办法在于，要认识到量子力学一方面提出了一个主张，但另一方面它本身却又不承认这个主张。

因此主要问题在于：量子物理学家假定泡利矩阵能神奇地将两个测量联系起来，你猜对了，通过希尔伯特空间，而真实空间中的事件是由贝尔提出的统计学来描述的。

他们没有意识到的是，泡利矩阵当然也会在真实空间中把这两个测量联系起来，因为这些测量涉及旋转而且是同一个系统的一部分。他们不认为这会发生，因为他们并不知道泡利矩阵的实际作用。一旦你知道了它是如何作用的，就很难想象受过训练的物理学家会轻易相信它，当然也不应该相信那些数字了。

但科学，应该避免信息表述不够清晰，因为科学不是魔法，艾萨克·牛顿不是哈利·波特。如果一位科学家相信魔法，他应该换份工作。

我已经简要地描述了电子的磁性，特别是格拉赫和施特恩在非均匀场中的实验。这个例子中的解决方案有两个部分。一个是银原子或氢原子自旋方向的计算。这可以通过一个适用于氢原子电子密度的修正方程来实现，它表明自旋是一个贯穿电子的矢量，并且与半径平行。这意味着，它在氢原子中不同位置处指向不同的空间方向。由于在这个例子中电子是一个球体，自旋没有一个特定的方向，具有和球体一样的对称性，因此它是各向同性的，就像量子力学的标准模型一样。

因此，第一部分对标准图像做了一个非常重要的补充。在标准图像中，自旋是各向同性的，但它不是一个矢量，也不是真实空间中的一个方向，它是自旋空间中的一个元素，因此只是一个数学对象，而不是与电子磁性相关的物理对象。

解决方案的第二部分来自于俄罗斯物理学家列夫·朗道（Lev Landau）和叶夫根尼·利夫希茨（Evgeny Lifshitz）的磁学研究。他们描述了外部磁场导致材料内部磁场的变化。在他们的朗道－利夫希茨方程中，他们假定磁场会随外部磁场的施加而发生旋转。

现在可以用这样一种方法来修改方程，使其也适用于单个电子，在这种情况下，它描述的是在外加磁场下自旋矢量的旋转。结果是，当原子进入磁场时，自旋会随磁场旋转到一个特定的方向。如果自旋矢量最初指向外侧，那么自旋矢量会旋转到与磁场平行的方向。这将产生一个平行于磁场的诱导自旋，这个诱导自旋矢量就类似于传统图像中的磁矩。

如果磁场中存在梯度，这意味着强度沿着纵轴变化，则原子会被向上推。如果自旋矢量指向内侧，则产生诱导自旋的点指向磁场的相反方向，原子将被向下推。这个模型是完全确定的：如果知道了初始的自旋，就确切知道原子在磁场中会做出什么反应。这个模型的所有元素都是真实空间中的对象，你们可能还记得，这是密度理论的一个核心要求。

这个解决方法给出了，单个光子的磁场方向测量结果和非均匀磁场中的单个原子测量结果的物理原因。

然而，这个图像中仍然有一个元素缺失。它就是密度理论中称为交换的元素。从一开始我们就很清楚，密度元素和电子场元素的相互作用决定了材料的磁性。在自由电子中，这种相互作用是电子运动过程中自旋和密度的变化。如果电子在材料中是有序的，这种相互作用就会发生改变。提供一种机制来解释这个过程如何运作，将是一个完全基于密度的自洽理论框架的最后一个元素。我相信，这样的机制将在未来十年内发展起来。

但这并不是故事的全部。如下一章所示，我们甚至可以用密度理论来描述原子核。

22

果壳中的原子核

有一个数字，已经困扰了理论物理学家超过半个世纪。这是一个很简单的数字——137，它刚好是一个质数。

质数是一个只能被 1 或者它自身整除的数。存在无穷多个质数，它们在密码代码中起着关键作用。量子计算的唯一用途就是找到作为密匙的两个非常大的质数，从而破译加密的信息。

事实上，137 这个数字的问题要更大一点，在 20 世纪 40 年代末，当理论物理学家在他们新发展的电动力学中，试图描述光与电子相互作用时，它就被发现了。在他们的理论中，这个数字描述了一个光子和一个电子相互作用的概率。考虑到光子和电子都是点，但这并不是这套新理论的功绩。然而，为什么是这个数字，没有人知道。例如，理查德·费曼称这是"物理学最大的难题之一"。这个问题非常棘手，因为只要将这个数字变化 4%，那么光子与电子的相互作用概率将随之受到影响，其后果或许是地球上无法诞生生命。在这种情况下，恒星不会再制造碳和氧，它们是任何生命形式的基本原子。结果表明，解决这个难题的方法是中子。

1932 年，英国物理学家詹姆斯·查德威克（James Chadwick）证实了中子的存在。当我在英国利物浦大学工作的时候，那里的物理实验室被称为查德威克实验室，因为查德威克从 1935 年起担任利物浦大学的教授，同年他因为中子的发现获得了诺贝尔奖。查德威克的妻子来自于利物浦，查德威克本人出生在英国的柴郡。所以来到利物浦工作对查德威克来说是有意义的，尽管他在利物浦的实验室远逊于卡文迪什实验室（他曾在那里与卢瑟福共事，并发现了中子）。

在 20 世纪 30 年代，有一场激烈的讨论，关于中子是否为质子和电子的组合，还是它本身就是一个基本粒子。质子是原子核的基本组成单元之一，它具有与电子相同的电荷，但它的质量大约是电子的 1800 倍，而且它的体积非常小。考虑到中子实际上是不稳定的，它大约会在 880 秒后分裂成一个质子和一个电子，海森伯认为，中子本身是一个看上去相当奇特的基本粒子。

在今天看来，如果假设中子是一个基本粒子，就可以理解为什么氮原子核的自旋为 7 / 2。而在当时的情况下，人们无法理解原子核是什么，以及为什么精细结构常数是 137。或者人们可以假定中子不是一个基本粒子，然后来理解，原子核是什么和为什么精细结构常数是 137。不幸的是，在这种情况下，人们无法理解为什么氮原子核的自旋是 7 / 2。

海森伯假定中子为基本粒子有三个原因。第一个原因是，如果中子是由电子和质子紧密结合在一起的，那么就很难解释为什么从未在氢原子的电子中观测到这种情形，而且氢原子在整个已知的宇宙周期中都是稳定的。

第二个原因是，如果电子是中子的一部分，那么中子内的电子将严重违反不确定关系（偏离程度接近三个数量级），计算的方式与我在电子密度章节所做的类似。如果你知道中子的直径约为 1.7 费米（1 费米 $=10^{-15}$ 米），这是通过散射实验得到的，那么 Δx 不能大于这个值。如果你现在假定

ΔP 足够大，可以产生 100 万电子伏的额外能量提供给中子质量，那么不确定性关系右边的值就不会是普朗克常数，而是一个远小于它的数。如果你假设右边的值大致为普朗克常数，那么中子内电子的能量将是其附加质量的一千倍。

这表明，如果海森伯认可中子是由质子和电子组成的，就意味着他也必须承认，他的不确定性关系不适用于中子或原子核。这对量子力学来说是一个严重的打击，它恰好与玻尔爱因斯坦之争发生在同一时期。

第三个原因是，能量全都是错误的。电子像质子一样，具有电场。这些场是电子相互排斥的原因，但它们会吸引质子。如果你想知道一个电子的场到底有多强，例如，氢原子的电子，那么你可以从很远的地方来引入电子片段。每当你增加一个电子片段，你对应的能量也需要相应地增加。如果整个电子被重新拼凑在了一起，那么它的场中将包含 11 个电子伏的能量。你可以说这个场所包含的能量将电子压缩到它在氢原子中的活动范围。

这里的重点是，你可以通过使电子变小，将能量增加到电子的场中。这样的模型对于点状电子来说是行不通的。在这种情况下，场所包含的能量不会改变，但在任何情况下能量都是无穷大的。海森伯关于中子的问题是，中子的质量比电子和质子的质量之和要大得多，质量差是一个电子质量的大约 1.5 倍。当时的理论模型并没有给出任何解释，来说明这个附加质量的来源是什么。因此，中子必须是一种不同的东西：一种新的基本粒子。

然而，问题就在这里。如果你把一个高度压缩的电子加到一个质子上，则一个合理大小的电场将包含大约 100 万电子伏的能量。用爱因斯坦质能方程计算出的中子能量，仅比质子和电子的质量之和高出 78 万电子伏。所以如果电子被压缩得足够多，电场可以来补偿质量的增加。这在一定程度上解释了中子为什么这样重，但它并没有解释精细结构常数，

也没有解释原子核究竟是怎样的。关于这些，人们需要更多的信息。

由于中子在核反应中的重要性，它们已经得到了很好的研究。今天，中子被用来确定磁性材料的组成，因为它们是电中性的，这意味着它们可以很容易地穿透任何材料。除非有一层厚厚的铅，否则无法将它们屏蔽。它们可以很容易地穿透混凝土，甚至是相当厚的混凝土。

中子散射通常是获得不同磁性材料之间界面信息的唯一途径，这是其他实验手段无法实现的。人们也可以让中子相互碰撞，这会告诉我们中子具有什么形状和形式的电荷。在20世纪60年代，人们发现中子的直径约为1.7费米，由带正电荷的核和带负电荷的外壳组成，这表明质子被包围在电子中。巧合的是，这和氢原子中的情况一样，区别只是尺寸不同。

在氢原子中，玻尔半径实际上并没有描述半径，而是衡量密度随半径减小的标度。在半径大约为0.1纳米处，密度接近于0。如果在中子内电子密度以同样的方式减小，那么在一个费米的距离内电子密度根本不会发生改变。因此电子密度必须以一种更快的方式在大约0.8费米范围内下降到0。这意味着你需要一个不同的常数；不是玻尔半径，而是另一个。玻尔在提出氢原子模型时所做的是，他把玻尔半径与其他基本常数联系了起来，比如介电常数、电子的质量和电荷，以及普朗克常数。如果我们想用和氢原子电子类似的方式来描述中子的电子，那么在核环境中，这些常数之中必须有一个是不同的。

只有四个常数可以考虑：电子的质量、电子的电荷、介电常数和普朗克常数 h。前两个不能改变，因为会违反物理学中最基本的守恒定律：

质量守恒定律和电荷守恒定律。第三个也不能改变，因为电场在真空中的传播不会因为从氢原子变为中子而发生改变。

所以原子核中最有可能改变的常数就是普朗克常数。在核环境中，不确定性关系和普朗克常数似乎都不是正确的。这表明了量子力学框架的普适性或局限性实际上是怎样的。用它作为大部分理论物理学的基础，正如某些理论学家在 20 世纪尝试过的那样，看起来是一个糟糕的主意。

你现在可以利用修正的薛定谔方程，很容易地解决一个中子内电子的问题，它可以给出将电子和中子保持在一起所需的能量。然而，由于电子被压缩使它的场中具有相当多的能量，如果它再次扩展到它的正常大小，实际上它可以再获得能量。

每个从原子核发射出来的中子，在 880 秒后都会发生这种情况。由于电子扩展所带来的能量增加非常大，约为 782 000 电子伏，多余的能量随后以大量 X 射线的形式被释放出来。那么这和 137 有什么关系呢？

结果表明，这是普朗克常数在原子核环境下变化的比例。我怎么知道的？我知道一个中子，一个电子和一个质子的质量；我也知道中子的大小，以及电子在电场中的能量；我还可以通过薛定谔方程知道，中子内对电子的吸引力。因此，对于一个给定大小的中子（这是 20 世纪 60 年代通过实验确定的），只有一个比例符合所有这些结果。这个比例就是 137。

结果显示原子核环境下的能量可以用 137 的平方（137^2）来作为基本单位进行衡量，这里有一个有趣的结果，即原子核中的能量尺度 E_N 就是电子总质量中所包含的能量，即 137^2 乘以氢原子的能量尺度，E_H。电子总是这么让人出乎意料。方程如下所示：

$$E_N = 137^2 E_H = m_e c^2 \qquad (10)$$

现在我们知道 137 是从哪里来的：它只是从原子变到原子核尺度的比例系数。当然，20 世纪 40 年代的物理学家并不是以这种方式推导出来的。他们在考虑电子和光子的相互作用时得到了它。他们疑惑的是这个数字没有任何维度：它是介电常数、电子电荷、光速、普朗克常数等基本常数的组合。所以有趣的问题是：它们之间的联系是什么？

如果你不认为中子是基本粒子，虽然正如我已经展示的，没有太多的理由这样认为，那么你可能会开始思考这个问题，原子核是如何构成的。它有质子，直径约为 1.7 费米，质子被浸没在由电子组成的胶体中，密度比原子高得多。有趣的是，有两个已知的效应使这个图像更加可信：放射性元素的原子核会发射电子，同时已知电子会被吸入原子核。当然它们仍然存在于原子核中某处。在这种情况下，原子核的基本结构单元一定是质子和电子。如果你认为质子是接近刚性的小球，而电子是一种流动的液体，那么你就可以开始考虑排列方式。

从质子之间的排斥力可以推断出，所有质子都倾向于使相互之间的距离达到最大，而且所有质子之间的距离都是一样的。这就成了三维几何中的一道习题。我们可以很容易地想象在原子核中加入一个质子之后再增加一个质子，在每次加入的时候，都要确保它们之间的距离相等。那么有什么特殊的数字吗？

事实上，确实有。在加入一个质子之后，下一个紧凑排列的几何结构质子数为 4。巧合的是，有 4 个质子和 2 个电子的原子核是氦核，它是已知的最稳定的原子核之一。这些质子的排列方式就像一个金字塔，它有三个面，在几何学中被称为四面体。核物理学家称这种为幻数核，因为它的稳定性很高。我们发现这也是加入一个质子之后的第一种紧凑的几何排列方式，在原子核物理中称为壳层。下一个封闭的壳层发生在 16 个质子数。这是元素氧，也是一个幻数核。下一个是 28，然后是 40，它们都是幻数核。在传统的原子核物理中，通过高结合能来识别幻数核。在这里，通过紧凑的几何结构来识别这些幻数核，应该具有同样的效果。

如果从这个角度来看，原子核物理中有很多非常有趣的问题。在本章最后，我想和你们分享其中的两个问题。

作为一个理论学家，我的第一个问题是，有没有可能在质子和电子的基础上，发展原子核的密度理论。原则上，我认为没有什么问题，但实际上，目前有许多未知数，不仅从技术上来看。我举一个例子。

我们已经通过质子的质量、电子的质量和电子被压缩后场中所包含的能量计算出了中子的质量。由于中子是不稳定的，所以有充分的理由相信，场中所包含的能量会破坏中子的稳定性。其他的原子核，比如氦，是非常稳定的，它是在恒星中形成的，是已知的最稳定的原子核。它如此稳定，事实上，有一些原子核模型假设原子核主要是由氦核组成的。如果你考虑一个氦核的场，会遇到一个问题。

我们知道氦核的直径约为 3.34 费米。我们也知道每个孤立的质子都有一个电场。如果我们测量一个氦核的场，我们只会探测到两个质子的场。你可能会问，氦核中组成中子的两个质子和两个电子的场发生了什么？探测不到它们了。但它们还在那吗？如果它们不存在了，就意味着氦核的总能量发生了巨大的变化。包含在电场中的能量是：

$$E = \frac{1}{4\pi\varepsilon_0} \frac{q^2}{r} \quad (11)$$

其中，q 是电荷，ε_0 是介电常数，r 是电荷的半径。对于聚集在一个半径大约为 1 费米的球体中的两个电子来说，这个能量约为 574 万电子伏。对于两个质子来说，大约是 960 万电子伏。把它们加起来，就达到了总结合能的一半以上。如果质子的半径是 0.26 费米而不是 0.8 费米，那么包含在两个质子和两个电子的场中的能量将相当于一个氦原子核的所有结合能。

现在，人们认为有一种特殊的力来维持原子核的稳定——核力。它随着距离的 3 次方衰减，影响范围仅限于原子核内。由于原子核是以这种特殊的方式构建的，所以核力产生的吸引力会大于静电力产生的排斥力。这是因为传统模型完全基于原子核中的正电荷。然而，空间几何结构仍然存在一个小问题。

高斯定律指出，场的振幅随距离的平方减小。这是由于球体的表面积随半径的平方增大。如果磁场必须通过球面，那么穿过球面的场的总量必须保持恒定，因此在给定半径处场的振幅必须随半径的平方减小。一个场，比如用来维持核力的场，随着距离的 3 次方减小，这意味着随着球体半径的增加，它将损失场的总量的一部分。从本质上讲，一种随距离 3 次方衰减的相互作用与物理学中的守恒定律相矛盾，它违反了总场能量的守恒。为什么导致核力的场会在传播过程中损失能量，在传统的核物理模型中并没有给出解释。

回到本书中所提到的原子核模型，如果原子核的稳定性是由于静电场能量的减少，那么恒星中氦核的产生就必须包含一个电场消失的过程。如果这样的过程存在，那么相反的过程也是可能的。我猜测这对于军事科学家来说是非常兴奋的。想想看，这其实可能是我们今天所说的放射性过程。

所以，你看到了，这些场所发生的事情会对我们如何理解原子核产生巨大的影响。

最后，还有别的事情需要考虑。我们知道原子核有时会吸收电子。那么它们是否也有可能会吸收其他的原子核？如果有可能，而且如果我们能够以某种方式实现，这可能会导致一个更简单的产生新原子核的方法。

炼金术士已经寻找化学元素间的这种转换方法有一千年了。我们今天知道，改变化学元素的唯一方法就是改变原子核的电荷。如果我们能以可控的方式给原子核添加电荷，那么我们就可以改造化学元素。用这种方式来使铅变成黄金看起来很困难，因为金的质子比铅少 4 个。但是通过增加一个带有 4 个核电荷的原子核来使金变成铅，似乎是有可能的。

这对炼金术士来说可能不是什么好消息，而且这个过程还遇到了一个额外的麻烦，即铅中每个质子的结合能低于金中每个质子的结合能，所以这个过程不仅需要一个具有 4 个电荷的原子核，而且还需要大量的能量。

从物理上来看，调控更轻的元素会更有趣。已知原子核的结合能在铁原子核内达到最大值。因此，如果我们可以通过增加额外的电荷，来改造一个比铁更轻的原子核，我们就能在这个过程中获得能量，能量很可能是以辐射的形式发射出来，这个过程也可以作为能量源。这样的一个核"炼金术"的过程将会带来几乎无穷的能量来源。

23

一个新的开始

　　那么，需要从 20 世纪理论物理学的体系中继承什么呢？好消息是，毫无疑问，只要物理学、化学和生物学所关注的问题，是基于原子核、电子密度，以及场效应的相互作用，就可以与我们现行的理论方法和概念一起使用。

　　计算机和数值模型，以及关于这些模型广泛和高精度的实验验证，使得这些学科中的各种基元过程和事件可以在比原子更小的尺度上进行分析，这将是新的理论物理科学的基石。从根本上说，计算机和数值模型是一个影响电子密度动力学的动态过程的科学。最复杂的情况，将是与生命本身相关的各种过程和化学转化，这是一个包罗万象的密度理论的应用。目前，我们还不具备这样一门科学，但它的形式已经可以从其他各个学科的各种研究项目中看出。

　　当前的密度理论版本中，大部分都要求计算辅助量，即所谓的轨道。密度理论，正如前面章节中所描述的进展构想，对于一个特定系统只需要计算一条轨道。这使得计算效率会比现在大大提高。一个简单的估算可以说明这一点。

假设你有一个由 1000 个电子组成的系统，这对当前的计算水平来说是一个相当大的系统。利用当前最好的标准代码，它的计算量可以用电子数的平方大致估算，对于整个系统你需要计算 1 000 000 个电子步。然而，如果你只需要计算一条轨道，则步数将为 1。因此你的计算能力将是现在的一百万倍，而不是计算一千条轨道。如果你的系统是一个立方体，那么一百万倍意味着，你可以计算高度是它 100 倍的立方体。

　　目前应用最广泛的密度泛函计算是通过对 Kohn-Sham 方程进行求解从而获得体系的基态密度和基态能量的。这种密度泛函理论能够描述的最大的系统直径大约为 10 纳米。这样一个系统的 100 倍将使你达到 1 微米的尺寸，或者说细菌的大小。这样就有可能模拟最小的生物体，并且通过将模拟结果和实验数据进行比较来研究它们的动力学。在现阶段，这样的模拟并非是基于密度（泛函）理论的，而是利用数学模型对细菌的各种机能进行了仿真。然而，这些机能与物理过程并没有直接联系。因此，系统生物学家会说它们是粗糙的。

　　在密度理论的下一阶段，我们应该细化我们的模拟，并直接将功能与物理环境联系起来。人体内的细胞更大，但大得不多。所以将来我们可以通过将分子和原子依次重建，来模拟人类细胞的功能。虽然自然界在这个层面上的工作原理目前还非常不清楚，但是，将实验和模拟直接进行比较，这是在过去 50 年里固体物理学取得成功的关键原因，这将使我们能够获得更深入的了解。

　　这可能需要我们在这个层面上对理论方法和实施实验的方法进行一场革命，鉴于当前的现状，这并不是完全无法实现的。对于生物体内化学过程的模拟，我们目前的主要局限是数值精度。由于这些过程需要在合适的温度下进行，我们遇到了一个问题，即组成电子能量的各个部分非常大，而驱动这些反应的能量差非常小，与结果相关的真实数字被隐藏在更大的能量组成背景中。也许我们需要重新考虑，在模拟中需要真正包含哪些因素。

　　从细菌和细胞的尺度到原子核的尺度，图像就不那么清晰了。正如之前强调的那样，没有理由相信中子是一种基本粒子，一旦这种分类的基础——不确定性关系的合理性变得可疑。中子会在相当短的时间间隔内衰变为一个质子和一个电子，这个事实表明，中子是由质子和高密度的电子组成。另一个事实是，如果考虑电子的场能和电子的能级，中子的质量与预期的值完全相符，这使得人们很难相信其他任何解释。

　　但如果是这样的话，当前原子核物理中的模型就有问题了。我在前一章里没有提到它，但目前关于原子核物理的各个方面，至少存在 30 个模型。这些模型的确切使用范围和机制，以及核力的局域延伸范围目前还不清楚。考虑到可以通过基于质子和电子的模型，模拟出原子核的壳层结构，看起来密度理论可以被修改为，一个基于质子位置和高密度电子密度的完整的原子核理论。这样做有一个额外的优势：原子物理和凝聚态物理的界限，以及原子核物理和高能物理的界限，都将消失。将凝聚态物理和原子核物理统一到一个本质上基于电子密度的框架，可能会引起对这两个领域所交叉领域的大量研究，从而导致突破。例如，

能量的产生，这超出目前的研究能力，因为我们不足够了解实际的过程，即所涉及的物理过程。它也将极大地促进天体物理学的研究，因为新的专业知识体系很大一部分是关于对恒星中产生原子核的确切条件的理解。

　　让我以李·斯莫林关于弦理论的观点，来结束这次贯穿 20 世纪和 21 世纪早期理论物理学

的旅行。这段话选自他的著作《物理学的困惑》，它可以提醒人们，科学有可能会失败，尤其在科学进行下一步前，如果没有问自己关于基本假设这个根本的问题：

如果弦理论家错了，他们就不会只有一点错误。如果新的维度和对称性不存在，那么我们是否会将弦理论家列为科学上的失败者，就像当开普勒和伽利略在往前推进的时候，有的人仍在坚持托勒玫的"本轮－均轮"说。他们的故事将是一个科学研究的反面例子，如何不让理论的猜想超出理性的争论。

结　语

我在这本书中提到的事实和想法，代表了我们对原子和原子核物理学理解的一个彻底的转变。

我想我最终会说服你，但并不会那么轻松。当初，我也像现在大多数物理专业的学生一样，相信物理学只会进步，从来都不会犯错，诺贝尔奖得主当然就更不会犯错，在创立自然科学所有分支的基础时也绝对不可能出现错误。

在我的职业生涯中，我不得不彻底改变我的观点，因为事实证明现代物理学的很多内容是有争议的：有太多无法回答的问题。

我坚信，问题比答案更重要，这一点上我必须要感谢我的许多物理专业的学生们。一位试图将问题限制在"允许"范围内的科学家，应该引起所有其他科学家的警觉。但是这种警觉并没有发生，这比其他任何事情都能说明，当时的想法已经变得多么扭曲。

从不同的角度出发和从不同的问题出发，我们发现，正如本书所解释的那样，现代物理学中存在一个逻辑错误，而且可能是无法修正的。这个逻辑错误，从根本上说，是一种特定的思维方式，理论物理学家认为，是数学创造了现实。

对我来说，过去 20 年来一个关键的认识是：科学，和人类的生命一样，是脆弱的，它比较容易被少数人所左右。

几个世纪以来，社会科学家们一直与这个事实生活在一起。它曾经通过严苛的实验协议从科学中去除，但是到了 20 世纪，它似乎又重新回到了物理学中。但是实验者，当然，当他们被告知正确的数字时，他们只会感到满意，并不会问理论家，他们是如何得到这些数字的。理论学家们随意地给出这些结果，或者是数学对象（这也没好到哪去），这可能并不是实验者所期望的。

这似乎是由于专业化走得太远了。这是怎么发生的，为什么社会心理学必须解决这些问题：这些都不再是严格的物理学问题。然而，需要从现代物理学的困境中学到的一个教训是：如果你失去了承担风险的能力，和质疑一门科学基本想法的能力，那么你的科学就会僵化。这就是量子力学所发生的事情。

很多科学家都犯了一些基本的错误，但这些错误可以随着时间的推移而得到纠正。但它们目前并没有得到纠正。结果表明这是致命的，并且已经把不止一代的理论物理学家义无反顾地送到了数学的丛林中。

因果关系和逻辑，我希望我能说服你们，肯定是有生命力且合理的，而现在有一种明显的可能性，可以用一种方式来重塑原子和原子核物理的基本思想，这将使物理学重新获得因果性和逻辑性。我并没有幻想这会很容易，因为我们必须要摒弃很多当前的学说。考虑到这些学说是由一些物理学家花费毕生的精力发展起来的，所以理论上的进步将会受到情绪上的冲击，充满沮丧。

但是，正如我向 *Nature* 杂志的一位编辑所解释的那样，现代物理学为了进步，在某个时刻将不得不进行修正。所以现在开始清理理论物理学，是一种更好的选择。

我也希望我已经清楚地表明，物理学只需要将数学作为一个工具，而不是概念的存储库。

正如薛定谔所强调的那样，数学概念只有适用于空间、时间和因果关系的框架，才是有用的。如果它们不适用于这样的框架，它们就不能给人类理解的范式带来贡献，在更广泛的范围内也是毫无用处的。发展一套新的现代物理学教学大纲，将会是一个有趣的挑战。它可以从密度开始，而且，就像塞莱里建议的那样，不包含希尔伯特空间、波函数、算符、不确定性、光子、自旋。这个框架的基础工作已经完成，我希望我在第三部分中已经阐述清楚。现在我们需要做的是，改变我们教授量子物理学的方式。

量子物理学，我想我已经向你们展示了，可以做得更好。

最后，这一现状归结为关于现代物理学的两种截然不同的说法。传统的说法是现代物理学是由完美无瑕的天才发展起来的，不幸的是，自然界是一种古怪而且难以理解的存在。或者本书中所提倡的说法是，现代物理学存在某些矛盾和逻辑错误，一旦这些错误得到纠正，自然界就会变得合乎逻辑、易于理解，实际上也相当简单。

在本书的结尾，作为 21 世纪量子物理学修正的指南，我建议今后应该遵循三个简单的原则：

1. 只有物质对象可以存在。每个物质对象都是包含能量的物体；每个物质对象都是三维空间中的物体。

2. 自然界中的过程都是物质对象相互作用的过程。只有物质对象才能相互作用；物质对象的所有相互作用都是有限的。

3. 物质对象的相互作用是用数学方程来描述的。量子物理学是描述物质对象相互作用的数学框架；不能描述这种相互作用的数学框架在物理上是无意义的。

参考书目

书中有一些引用来自于理查德·费曼、阿兰·阿斯佩、唐纳德·艾格勒等科学家。它们都在下面参考文献中给出。出于这个原因，我没有在书中重复提及。

我的研究文章

1. 我在 1998 年发表的关于延伸电子模型的第一篇文章。在这个时候，我认为可以用延伸电动力学来解释电子内的场。

Hofer W A. Internal structure of electrons and photons: the concept of extended particles revisited. Physica A, 256, 178-196, 1998.

2. 我第二次尝试阐述电子的实质是什么，是我为《今日材料》（*Materials Today*）期刊撰写的一篇综述，我总结了扫描探针显微镜对于我们对电子的理解意味着什么。艾格勒的摘引在这篇文章中引用。

Hofer W A. Unraveling electron mysteries. Materials Today, 5, 24-31, 2002.

3. 最后一个突破是，我把波动力学和密度理论结合在一起，给出了一个包含自旋、加速度和场的电子综合模型。这篇文章发表于 2011 年。

Hofer W A. Unconventional approach to orbital free density functional theory based on a model of extended electrons. Foundations of Physics, 41, 754-791, 2011.

4. 在这之后，不确定性关系明显不可能是正确的，我通过对 2012 年最好的扫描探针显微镜实验数据进行统计分析，得出这个结论。

Hofer W A. Heisenberg, uncertainty, and the scanning tunnelling microscope. Frontiers of Physic 7, 218-222, 2012.

5. 2011 年，当我在意大利的 Sesto 参加一次会议时，我意识到光子实验和贝尔方程式反映了物理界的核心思想。这次会议上，我展示了我的新电子模型。演讲之后，谢尔登·戈尔茨坦（Sheldon Goldstein），一位玻姆学说支持者，他对我说：如果你现在提出一个用于阿斯佩实验的定域模型，他们真的会讨厌你。我在 2012 年确实这样做了。这篇文章包含对阿兰·阿斯佩文献的引用。

Hofer W A. Solving the Einstein-Podolsky-Rosen puzzle: the origin of non-locality in Aspect-type experiments. Frontiers of Physics 7, 504-508, 2012.

6. 在 2013 年，我被格哈德·格罗辛（Gerhard Groessing）邀请，在维也纳参加了一个关于新兴量子力学的会议——以一种稍微不同的方法来试图调和量子力学与逻辑性。当我为这个会议做准备时，我决定呈现一个 21 世纪物理学的全景，然后将其提炼成一篇文章。这次讲座被录制成了一个大约 30 分钟的视频，可以在这个网址浏览：http://www.fetzer-franklin-fund.org/media/werner-hofer/

Hofer W A. Elements of physics for the 21st century. Journal of Physics: Conference Proceedings 504（文献号 012014），2014.

7. 当我意识到数学至上论是量子力学的基本部分之后，我的合作者托马斯·波普（Thomas Pope）和我一起撰写了一篇关于自旋的文章，并将自旋的标准模型与本书中阐述的新模型进行了比较。这篇文章发表于

2017年。

Pope T，Hofer W A. Spin in the extended electron model. Frontiers of Physics 12（文献号128503），2017.

8. 我关于扫描探针显微镜的主要综述文章，是在2003年和亚当·福斯特（Adam Foster）以及亚历克斯·史鲁格（Alex Shluger）一起撰写的，它仍然是关于这个领域最权威的综述。

Hofer W A，Foster A S，Shluger A L. Theories of scanning probe microscopes at the atomic scale. Reviews of Modern Physics，75，1287-1331，2003.

技术书目

1. 约翰·贝尔在他的书中导出了贝尔不等式，提出了他对测量、玻姆力学、以及量子理论的看法。

Bell J S. Speakable and unspeakable in quantum mechanics. Cambridge, UK：Cambridge University Press. 1987.

2. 戴维·玻姆关于量子力学的书，至今仍是关于这个领域最易读的书之一。它最初于 1951 年出版，Dover 出版社于 1989 年重印。

Bohm D. Quantum theory. Prentice Hall，1951；Dover Publications Inc. 1989.

3. 量子力学的标准教科书，在大多数大学课程中被使用。它是相当全面的，例如，普朗克的完整推导可以在本书中找到。

Eisberg R，Resnick R. Quantum Physics of Atoms，Molecules，Solids，Nuclei，and Particles. 2nd edition. USA：John Wiley & Sons. 1985.

4. 我通常更喜欢关于材料学的化学书籍：它们提供必要的概念和基本的数学，但并不沉溺于极端的推导。如果需要的话，你可以随时查找一个具体的证明。对于材料学，我的选择是：

Shriver D F，Atkins P. Inorganic Chemistry. 5th edition. Oxford，UK：Oxford University Press. 2010.

对于普通读者的书目：

1. 一本令人愉悦的书，它讲述了每一种化学元素对人类、食物、经济和技术的重要性，以及它们的历史。

Elsmley J. Nature's Building Blocks. Oxford，UK：Oxford University Press. 2001.

致　　谢

写这本书来自于我的兄弟彼得（Peter）的一个想法。当我们还是格拉茨的物理专业的学生时，他令我注意到一个事实，在开普勒时代，本轮－均轮模型对于行星运动的描述实际上比椭圆轨道更好。这是由于如果一个模型中的参数不是基于物理，则会很容易被操纵。我花了20多年的时间来证明这是量子力学的基础，在书中我称之为数学至上论。

整本书都要归功于与我已故姨妈玛丽亚（Maria）的讨论。她是一个非常聪明的女人，没有受过多少正规的科学训练。所以每当我想向她解释一些事情的时候，我就得想办法让她直观地理解，而不是去正式地推导。事实证明，这是一个比从抽象的数学开始，来理解物理学的更好的方法。

我很难将这些年来对我思想有重要影响的同事和朋友的名字都列出来。但最重要的一些有艾玛·普拉茨库玛（Elmar Platzgummer），当我是维也纳的一名学生的时候，我们经常一起交流；在伦敦的时候有，安德鲁·费雪（Andrew Fisher），亚当·福斯特（Adam Foster），亚历克斯·史鲁格（Alex Shluger）和罗伯特·斯塔德勒（Robert Stadler）；在加拿大的时候，彼得·格吕特（Peter Gruetter），伊恩·麦克纳布（Iain

McNab），约翰·波拉尼（John Polanyi）和罗伯特·沃尔科（Robert Wolkow）。在利物浦，主要有乔治·达林（George Darling）、克里斯蒂安·保洛塔什（Krisztian Palotas）和吉尔贝托·泰奥巴尔迪（Gilberto Teobaldi）。他们帮助我完善了这些想法。在纽卡斯尔这里，尼基塔斯·格林多布洛斯（Nikitas Gridopoulos）和汤姆·波普（Tom Pope）在过去的两年里给予了我很多帮助。特别要感谢柯丝蒂·斯蒂德（Kirsty Steed），我最喜欢的朋友。

当然，还有我在量子力学学术会议上遇到的所有同行，他们给我提供了一个开放的论坛来检测这些想法，同时审阅产生于这些讨论的文章。

其中，已故的佛朗哥·塞莱里（Franco Selleri）占据了一个特殊的位置。他最初是一位核物理学家，但保留了一个研究领域庞杂的物理学家交流圈，他们在30年来对正统理论感到沮丧，直到21世纪初。对于大多数参加他组织的会议的科学家来说，看到其他学者对量子力学也有类似的怀疑，将会是一个启示。我是参加他1997年雅典会议的其中一个。事实上，塞莱里是我认识的唯一一位怀疑量子力学有根本性错误的物理学家。

对问题的争论和警觉将一直保持下去。

作者（左一）与一群物理学家，包括佛朗哥·塞莱里
（戴眼镜，靠近后面），雅典，1997 年